Straßenbau heute

Band 2 Bodenbehandlung und Tragschichten

Herausgeber:
InformationsZentrum Beton GmbH
Steinhof 39, 40699 Erkrath
www.beton.org

Autoren:

Martin Peck
Hans Dittus
Christian Hotz
Paul Vogel

Titelbild:

Dittus

Gesamtproduktion:

www.verlagbt.de

Druck:
Linsen Druckcenter GmbH, Siemensstraße 12, 47533 Kleve

VLB-Meldung

Peck, Martin / Dittus, Hans / Hotz, Christian / Vogel, Paul:
Straßenbau heute – Band 2 Bodenbehandlung und Tragschichten
4., überarbeitete und erweiterte Auflage 2020
Erkrath: Verlag Bau+Technik GmbH, 2020

ISBN 978-3-7640-0533-7

Strassenbau heute

Band 2 Bodenbehandlung und Tragschichten

Vorwort

Die Broschüre „Straßenbau heute – Bodenbehandlungen und Tragschichten“ ist der zweite, mit dieser Ausgabe inhaltlich völlig überarbeitete Teil der Schriftenreihe „Straßenbau heute“. Nachdem in den letzten Ausgaben der Broschüre die Bodenbehandlung nicht mehr enthalten war und in einem gesonderten Medienformat behandelt wurde, ist sie mit der nun vorliegenden Ausgabe wieder Teil der Broschüre.

Die Broschüre „Bodenbehandlung und Tragschichten“ ist eine zusammenfassende Darstellung aktueller Verfahren und Materialien zur Bodenbehandlung und zur Planung und Ausführung ungebundener Tragschichten und Tragschichten mit hydraulischen Bindemitteln. Asphaltbauweisen werden nicht behandelt. Jedoch werden einige der Verfahren zur Bodenbehandlung auch unter Asphaltkonstruktionen angewendet. Zusätzlich zu den zahlreichen Festlegungen des Gesetzgebers und zu den Regelungen der Forschungsgesellschaft für Straßen- und Verkehrswesen e.V. (FGSV), vermittelt diese Fachbroschüre einen schnellen Überblick zu dem unter der jeweiligen Deckenkonstruktion anzuordnenden Schichtenaufbau.

Die Broschüre erläutert die zu berücksichtigenden Anforderungen – vorzugsweise für den klassifizierten Straßenbau – und soll dem Planenden sowie dem Ausführenden eine Hilfe für den täglichen Umgang mit Bodenbehandlungen und Tragschichten sein. Darüber hinaus sollen auch Lernende und Lehrende unterstützt werden. Verbesserungs- und Ergänzungsvorschläge zu zukünftigen Überarbeitungen sind ausdrücklich erwünscht.

Die Erstellung dieser Fachbroschüre war nur dank vielfacher Unterstützung durch verschiedene Fachleute möglich. Die Autoren bedanken sich an dieser Stelle bei Herrn Dr.-Ing. Helmut Eifert für die Erarbeitung der letzten Ausgabe der Broschüre „Straßenbau heute – Tragschichten“, von deren Inhalten einiges in die vorliegende Ausgabe übernommen wurde. Weiterer Dank geht an Herrn Dr.-Ing. Eberhard Eickschen für die fachliche Zuarbeit.

Erkrath, Oktober 2019

Die Verfasser

1 Einleitung

In dieser Broschüre werden die Planung und Ausführung von Bodenbehandlungen und Tragschichten im Verkehrswegebau auf der Basis der zum Veröffentlichungszeitpunkt geltenden Regelwerke erläutert.

Die Herstellung von Verkehrsflächen unterliegt sowohl im Straßenbau als auch beim Bau von Flugbetriebsflächen ständig steigenden Spitzenbelastungen und wachsenden Anforderungen an die Wirtschaftlichkeit, die Dauerhaftigkeit und den Nutzungskomfort. Dies erfordert die kritische Betrachtung und sorgfältige Planung der gesamten Tragstruktur, vom Untergrund über den Unterbau bis zum Oberbau einer Verkehrsfläche. Insbesondere dem Boden als Untergrund und den darüberliegenden Tragschichten kommt erhöhte Aufmerksamkeit zu. Nur eine dauerhaft gleichmäßige Verformungsstabilität und Tragfähigkeit dieser Schichten sichert letztlich eine lange, wirtschaftliche Nutzungs- und Lebensdauer der Verkehrswege.

Die Bodenbehandlung mit Bindemitteln hat sich in den letzten Dekaden weiter entwickelt und spezialisiert. Sie stellt heute vielfältige Verfahren zur Ertüchtigung und Verbesserung von fast jedem natürlichen Boden zur Verfügung. Vor allem das Kontroll- und Prüfungswesen hat auf diesem Gebiet durch konsequente, interdisziplinäre Nutzung modernster Technologien erhebliche Fortschritte gemacht.

Seit vielen Jahren werden in Deutschland gebundene und ungebundene Tragschichten zur Herstellung befahrbarer Flächen eingesetzt. Tragschichten bilden den unteren Teil des Straßenoberbaus. Sie leiten die statischen und dynamischen Einwirkungen auf die Straßendecke in den Unterbau oder Untergrund ab.

In der vorliegenden Broschüre werden die aus den Regelwerken für den Straßenbau bekannten Begriffe verwendet.

2 Anwendung von Bodenbehandlungen und Tragschichten

2.1 Bodenbehandlungen 2.1

Der Aufbau einer Straße wird unterteilt in:

- Oberbau (Decke und Tragschichten)
- Unterbau
- Untergrund

In dieser Schichtenfolge werden Bodenbehandlungen vor allen an den Schichten des Unterbaus bzw. am Untergrund durchgeführt.

Der Begriff *Bodenbehandlung* bezeichnet Maßnahmen der Bodenverfestigungen und Bodenverbesserungen. Derartige Arbeiten werden durch die ZTV E-StB und durch das „Merkblatt für Bodenverfestigungen und Bodenverbesserungen mit Bindemitteln" der FGSV geregelt. Bodenbehandlungen werden vor allem bei Erdarbeiten für Straßen- und Verkehrsflächen im Unterbau oder Untergrund angewendet.

Die Unterlage ist die Oberfläche unter der jeweils herzustellenden Schicht. Der Unterbau oder der Untergrund schließen zum Oberbau mit dem Planum ab (Bilder 2.1 und 2.2). Die Unterlage muss standfest, tragfähig, profilgerecht (Höhenlage und Gefälle) und eben sein. Sie muss die notwendigen Entwässerungseinrichtungen enthalten und darf keine schädlichen Verunreinigungen aufweisen.

Im Sinne des „Merkblattes für Bodenverfestigungen und Bodenverbesserungen mit Bindemitteln" der FGSV werden im folgenden Text *zementstabilisierte Böden* und *qualifizierte Bodenverbesserungen* gleichgesetzt.

Bodenverfestigungen sind Verfahren, bei denen die Widerstandsfähigkeit des Bodens gegen Beanspruchungen durch Verkehr und Klima durch die Zugabe von Bindemitteln erhöht wird. Dadurch wird der Boden dauerhaft tragfähig und frostsicher. Allgemein werden Bodenverfestigungen in der oberen Zone des Untergrundes oder des Unterbaus von Verkehrsflächen ausgeführt, wenn die Tragfähigkeit des Untergrundes verbessert oder die Frostsicherheit des Straßenaufbaus erhöht werden muss.

Bodenverbesserungen werden bei Erdarbeiten für Straßen und Verkehrsflächen im Unterbau eingesetzt, um den Einbau im Ursprung nasser, nicht ausreichend verdichtbarer Böden zu ermöglichen, die Tragfähigkeit zu erhöhen oder die Witterungsempfindlichkeit zu vermindern.

Zusätzlich zu den Anforderungen an den Einbau und die Verdichtung der Böden können auch statisch konstruktive Anforderungen gestellt werden, um z. B.:

- die Standsicherheit von Bauwerken zu erhöhen
- den Erddruck zu reduzieren
- die Tragfähigkeit des Bodens zu erhöhen
- die Beständigkeit der Böden gegen Erosion durch fließendes Wasser zu erhöhen
- spätere Verformungen zu minimieren
- die baubetrieblichen Möglichkeiten zu nutzen und auszuschöpfen

Neben den im Straßenbau angewendeten Bodenverfestigungen und Bodenverbesserungen können folgende Anwendungsmöglichkeiten für Bodenbehandlungen ebenfalls sinnvoll sein:

- Erhöhung der Standsicherheit von Erdbauwerken/Dämmen
- Erhöhung der Tragfähigkeit von Verkehrsflächen und Hallenböden
- Setzungsausgleich im Trassenbau
- Verminderung des Erddruckes bei Stützwänden
- Erhöhung der Erosionsbeständigkeit im Wasserbau und Hochwasserschutz
- Bauwerkshinterfüllungen

2.2 Tragschichten

Die Tragschichten bilden den unteren Teil des Oberbaus. Die Lage und die Bezeichnung der Tragschichten gehen aus den Bildern 2.1 und 2.2 hervor.

Je nach Zusammensetzung und Ausführung werden nach der RStO 12 unterschieden:

- Tragschichten ohne Bindemittel (ToB)
  - Frostschutzschichten (FSS)
  - Schottertragschichten (STS)
  - Kiestragschichten (KTS)
- Tragschichten mit hydraulischen Bindemitteln
  - Verfestigungen
  - hydraulisch gebundene Tragschichten (HGT)
  - Betontragschichten
- Tragschichten mit besonderen Eigenschaften
  - Walzbetontragschichten
  - Dränbetontragschichten

Schichten aus frostunempfindlichem Material (SfM) zur Sicherung einer ausreichenden Dicke des frostsicheren Oberbaus, als Planumsschutzschichten oder als mineralische Schutzschichten für Tragschichten sind im technischen Sinne keine Tragschichten. Unter Betondecken nach ZTV BEB-StB erforderliche Ausgleichsschichten aus Beton entsprechen dem Unterbeton von Betondecken und werden ebenfalls nicht als Tragschichten eingeordnet.

Nur in besonderen Fällen werden Tragschichten auch als Deckschichten genutzt. Sie können mit und ohne Bindemittel ausgeführt werden. Im Wesentlichen unterscheidet man:

- Deckschichten ohne Bindemittel (DoB)
- hydraulisch gebundene Tragdeckschicht im ländlichen Wegebau
- Walzbeton als Tragdeckschicht

Bodenbehandlungen und Tragschichten für Verkehrswege, die nicht auf der Grundlage der RStO 12 dimensioniert wurden, sind in gesonderten Spartenregelungen erfasst oder können in Anlehnung an die nachstehend genannten Regeln und Verfahren realisiert werden. Asphalttragschichten werden nicht behandelt.

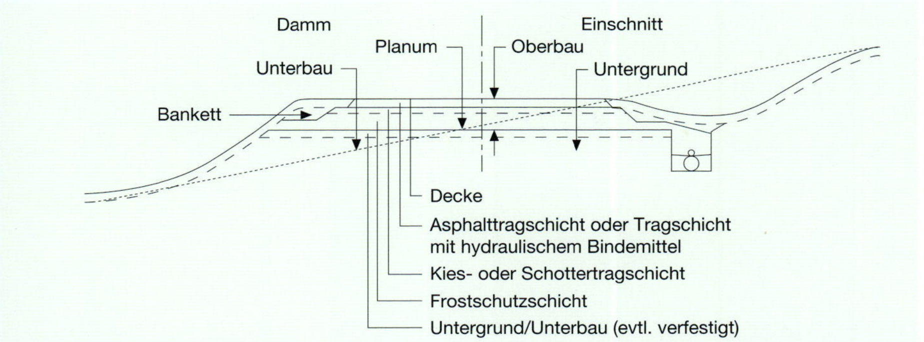

Bild 2.1: Beispielhafter Aufbau einer Befestigung außerhalb geschlossener Ortslage – Damm/Einschnitt

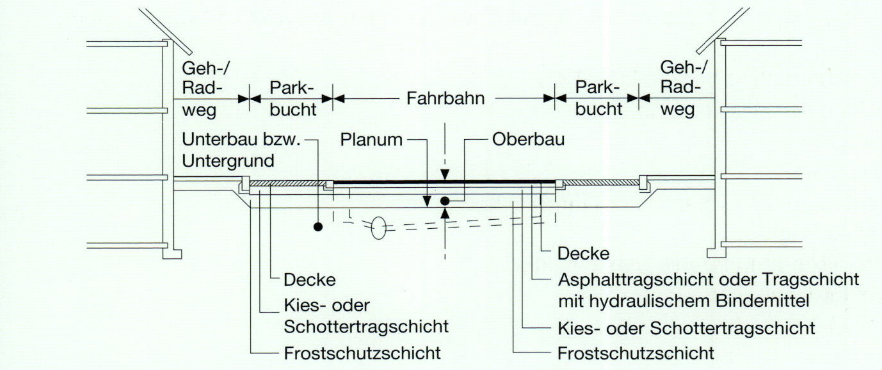

Bild 2.2: Beispielhafter Aufbau einer Befestigung in geschlossener Ortslage

3 Bodenbehandlung

3.1 Regelwerke und Begriffe 3.1

Die im Rahmen der Bodenbehandlung verstandenen Bauweisen der Bodenverbesserung und der Bodenverfestigung mit Bindemitteln sind bewährte Bauweisen, die ab Mitte der 1950er Jahre im Erdbau eine zunehmende wirtschaftliche Bedeutung erlangten. Mit dem Erscheinen des „Merkblattes über Bodenverfestigungen und Bodenverbesserungen im Erdbau" der FGSV im Jahr 2004 wurde die Bodenbehandlung mit Bindemitteln um die Bauweise der qualifizierten Bodenverbesserung ergänzt.

Durch die Bodenbehandlung mit Bindemitteln können alle Arten von mineralischen Böden gezielt konditioniert werden, sodass projektspezifische Anforderungen in der Regel erfüllt werden können. Dies ermöglicht die Verwendung dieser Böden als Baustoff mit definierten Eigenschaften unter technischen und wirtschaftlichen Gesichtspunkten. Da bei der Verwendung örtlich anstehender Böden weder Bodenaushub kostspielig abtransportiert, noch entsprechende Ersatzmassen zur Baustelle gefahren werden müssen, ist das Verfahren äußerst wirtschaftlich und ressourcenschonend.

Die standortgebundene Wiederverwendung vorhandener Böden und Erdstoffe schont unter Einhaltung des Kreislaufwirtschafts- und Abfallgesetzes (KrW-/AbfG) Rohstoffressourcen und Deponieressourcen für die Entsorgung anfallender Aushubmassen. Damit einhergehend werden ebenfalls die Belange an den Baubetrieb zur Reduzierung von CO_2-Emissionen erfüllt.

Als Bindemittel für Bodenbehandlungen eignen sich Baukalke gemäß DIN EN 459-1, Zemente gemäß DIN EN 197-1, Tragschichtbinder gemäß DIN EN 13282-1 und Mischbindemittel aus Zement und Kalk sowie weiteren mineralischen und/oder latent hydraulischen Zusatzstoffen.

Die im Verlauf der letzten Jahre gewonnenen Erfahrungen und Erkenntnisse zur Bodenbehandlung mit Bindemitteln wurden bei der Überarbeitung und Aktualisierung der einschlägigen Regelwerke (z. B. FGSV-Merkblatt über Bodenverfestigungen und Bodenverbesserungen im Erdbau, ZTVE-StB) berücksichtigt. Hierbei wurden sowohl technische als auch bauvertragliche Grundvoraussetzungen und Qualitätsstandards zur Ausführung von Bodenbehandlungen mit Bindemitteln bzw. zur Prüfung von Boden-Bindemittel-

Gemischen laut Regelwerken berücksichtigt. Auf der Basis dieser Grundlagen eröffnet sich mit dem derzeitigen Stand der Technik für Bauherren, Planer und Bauausführende ein breit gefächertes Einsatzspektrum.

Gleichermaßen bietet die Bodenbehandlung mit Bindemitteln Vorteile, die sich über den Betrieb, die Erhaltung und den späteren Rückbau nach Ablauf der Lebensdauer auswirken. Während der Nutzung weisen entsprechend behandelte Böden und Erdstoffe ein hohes Maß an Gebrauchstauglichkeit bei gleichzeitig sehr geringem Instandhaltungsaufwand auf. Am Ende der Lebensdauer des gesamten Bauproduktes ist eine Wiederaufbereitung und Wiederverwendung für Folgeprojekte ohne Weiteres möglich.

3.1.1 Normen und Regelwerke

Allgemein für den Straßenbau und für die Planung und Herstellung von Bodenbehandlungen und Tragschichten geltende Regelwerke sind in Kapitel 6 aufgeführt. Generell regeln

- die Technischen Lieferbedingungen (TL)
  die Anforderungen an die verwendeten Materialen, ggf. deren Ausgangsstoffe und die vor der Verwendung durchzuführenden Prüfungen und Nachweise,
- die Zusätzlichen Technischen Vertragsbedingungen (ZTV)
  die Anforderungen an Transport, Einbau, Verarbeitung, Art und Umfang von Prüfungen und an die fertige Leistung,
- die Technischen Prüfbedingungen (TP)
  die für die nach den o. g. Regelwerken durchzuführenden Nachweise zu verwendenden Prüfverfahren.

Nachstehend sind zusätzliche Regelwerke für Detailaspekte von Bodenbehandlungen genannt.

Normen

DIN EN 459	Baukalk – Teil 1: Definition, Anforderungen und Konformitätskriterien
DIN EN 13282	Hydraulische Tragschichtbinder – Teil 1: Schnell erhärtende hydraulische Tragschichtbinder – Zusammensetzung, Anforderungen und Konformitätskriterien
DIN EN ISO 14688	Geotechnische Erkundung und Untersuchung, Benennung und Beschreibung von Boden – Teil 1: Benennung und Beschreibung Teil 2: Grundlagen für Bodenklassifizierungen
ISO 14689	Geotechnische Erkundung und Untersuchung, Benennung und Beschreibung von Fels – Teil 1: Benennung und Beschreibung
DIN 18121	Baugrund, Untersuchung von Bodenproben – Wassergehalt

DIN EN 13286	Ungebundene und hydraulisch gebundene Gemische – Teil 2: Laborprüfverfahren der Referenz-Trockendichte und des Wassergehaltes – Proktorversuch Teil 47: Prüfverfahren zur Bestimmung des CBR-Wertes (California bearingratio), des direkten Tragindex (IBI) und des linearen Schwellwertes
DIN EN 16907	Erdarbeiten – Teil 1: Grundsätze und allgemeine Regeln Teil 2: Materialklassifizierung Teil 3: Ausführung von Erdarbeiten Teil 4: Bodenbehandlung mit Kalk und/oder hydraulischen Bindemitteln Teil 5: Qualitätskontrolle und Überwachung
DIN EN ISO 17892	Geotechnische Erkundung und Untersuchung – Laborversuche an Bodenproben – Teil 1: Bestimmung des Wassergehalts Teil 2: Bestimmung der Dichte des Bodens Teil 3: Bestimmung der Korndichte Teil 4: Bestimmung der Korngrößenverteilung Teil 7: Einaxialer Druckversuch Teil 10: Direkte Scherversuche Teil 11: Bestimmung der Wasserdurchlässigkeit Teil 12: Bestimmung der Fließ- und Ausrollgrenzen
DIN 18126	Baugrund – Untersuchung von Bodenproben – Bestimmung der Dichte nichtbindiger Böden bei lockerster und dichtester Lagerung
DIN 18128	Baugrund – Untersuchung von Bodenproben – Bestimmung des Glühverlustes
DIN 18129	Baugrund – Untersuchung von Bodenproben – Bestimmung des Kalkgehaltes
DIN 18134	Baugrund – Versuche und Versuchsgeräte – Plattendruckversuch

FGSV-Regelwerke

Merkblatt zur Herstellung, Wirkungsweise und Anwendung von Mischbindemitteln, FGSV

Merkblatt über die Behandlung von Böden und Baustoffen mit Bindemitteln zur Reduzierung der Eluierbarkeit umweltrelevanter Inhaltsstoffe, FGSV, Arbeitsgruppe Erd- und Grundbau

Merkblatt über Bodenverfestigungen und Bodenverbesserungen mit Bindemitteln, FGSV, Arbeitsgruppe Erd- und Grundbau

Merkblatt über flächendeckende dynamische Verfahren zur Prüfung der Verdichtung im Erdbau, M FDVK E, FGSV

Merkblatt für die Verdichtung des Untergrundes und Unterbaues im Straßenbau, FGSV

Technische Prüfvorschriften für Boden und Fels im Straßenbau TP BF-StB – Teil B 11.1, Eignungsprüfung bei Bodenverfestigungen mit Bindemitteln, FGSV

Technische Prüfvorschriften für Boden und Fels im Straßenbau TP BF-StB – Teil B 11.3, Eignungsprüfung bei Bodenverbesserungen mit Bindemitteln, FGSV

Technische Prüfvorschriften für Boden und Fels im Straßenbau TP BF-StB – Teil E 1, Prüfung auf statistischer Grundlage – Stichprobenprüfpläne, FGSV

Technische Prüfvorschriften für Boden und Fels im Straßenbau TP BF-StB – Teil E 2, Flächendeckende dynamische Prüfung der Verdichtung, FGSV

Technische Prüfvorschriften für Boden und Fels im Straßenbau TP BF-StB – Teil E 3, Prüfung der Verdichtung durch Probeverdichtung und Arbeitsanweisung, FGSV

Technische Prüfvorschriften für Boden und Fels im Straßenbau TP BF-StB – Teil E 4, Kalibrierung eines indirekten Prüfmerkmals mit einem direkten Prüfmerkmal, FGSV

Technische Prüfvorschriften für Boden und Fels im Straßenbau TP BF-StB – Teil B 4.3, Radiometrische Verfahren zur Bestimmung der Dichte und des Wassergehaltes, FGSV

Technische Prüfvorschriften für Boden und Fels im Straßenbau TP BF-StB – Teil B 8.3, Dynamischer Plattendruckversuch mit leichtem Fallgewichtsgerät, FGSV

Richtlinien für die Anerkennung von Prüfstellen für Baustoffe und Baustoffgemische im Straßenbau, RAP Stra 15, FGSV

Tafel 3.1: Zuordnung der Regelwerke zu den Tragschichten im Straßenbau (Dittus, Holcim)

Schicht	ZTV	TL	
Decke (Asphalt/Beton) Asphalttragschicht	ZTV Beton-StB	TL Asphalt-StB TL Beton-StB	
und/oder Tragschicht mit hydraulischem Bindemittel	ZTV Beton-StB	TL Beton-StB	
Kies- oder Schottertragschicht und/oder Frostschutzschicht bzw. Schicht aus frostunempfindlichem Material	ZTV SoB-StB	TL Gestein-StB	RStO
Untergrund/Unterbau (evtl. verfestigt oder qualifizierte Bodenverbesserung)	ZTV E-StB	TL BuB E-StB	

Regelwerke der Deutschen Bahn AG

Richtlinie (Ril) 836	Erdbauwerke planen, bauen und instand halten, DB AG
DBS 918 062	Technische Lieferbedingungen Korngemische für Trag- und Schutzschichten zur Herstellung von Eisenbahnfahrwegen, DB AG
DIN CEN/TS 17006	Erdarbeiten – Flächendeckende dynamische Verdichtungskontrolle (FDVK, DB AG)

3.1.2 Begriffsdefinitionen bei Bodenbehandlungen

Bodenbehandlungen mit Bindemitteln sind Verfahren, bei denen Böden und Erdstoffe durch die Zugabe von Bindemitteln so verändert werden, dass die Anforderungen an die erdbautechnische Verarbeitbarkeit und/oder die bodenmechanischen Anforderungen an das Boden-Bindemittel-Gemisch zur Verwendung als qualifizierter Baustoff gezielt verändert werden.

Boden-Bindemittel-Gemische
werden durch eine kontrollierte maschinelle Vermischung von Boden mit Bindemitteln erzeugt. Die Materialeigenschaften des Boden-Bindemittel-Gemisches werden durch die Eigenschaften der zu verbessernden Böden und Erdstoffe (Ausgangsböden), die Art und die Zugabemenge des Bindemittels bestimmt.

Bodenverbesserungen
sind Verfahren zur Verbesserung der Einbaufähigkeit und Verdichtbarkeit von Böden und zur Erleichterung der Ausführung von Bauarbeiten.

Qualifizierte Bodenverbesserungen (zementstabilisierte Böden)
sind Bodenverbesserungen mit Bindemitteln, die erhöhte Anforderungen an bestimmte Eigenschaften, z. B. hinsichtlich der Trag- und Scherfestigkeit sowie des Widerstandes gegen Witterungseinflüsse, erfüllen.

Bodenverfestigungen
sind Verfahren, bei denen die Widerstandsfähigkeit des Bodens gegen Beanspruchungen durch Verkehr und Klima durch die Zugabe von Bindemitteln so erhöht wird, dass der Boden dauerhaft trag- und frostbeständig wird.

3.2 Boden

3.2.1 Benennung, Beschreibung und Klassifizierung

Die Benennung, Beschreibung und Klassifizierung von Böden erfolgt einerseits nach der Bodenart, andererseits auch durch die Bodengruppe mit bestimmten bodenmechanischen Eigenschaften.

Die Benennung und Beschreibung der Bodenart erfolgt auf der Grundlage der Festlegungen der DIN EN ISO 14688. Hierbei werden ausschließlich die Haupt- und die Nebenbestandteile der Kornzusammensetzung, d. h. der Korngrößenverteilung eines Bodens

Tafel 3.2: Benennung und Beschreibung der Bodenart nach DIN 4022 (alt) und DIN EN ISO 14688-2

Bereich	Benennung	Kurzzeichen		Korngröße [mm]	
		DIN 4022 (alt)	DIN EN ISO 14688-2	DIN 4022 (alt)	DIN EN ISO 14688-2
sehr grobkörniger Boden	großer Block	Y	LBO	> 630	> 200
	Block		Bo	> 200 bis 630	
	Stein	X	Co	> 63 bis 630	> 63 bis 630
grobkörniger Boden	Kies	G	Gr	> 2 bis 63	> 2 bis 63
	Grobkies	gG / gg	CGr / dgr	> 20 bis 63	> 20 bis 63
	Mittelkies	mG / mg	MGr / mgr	> 6,3 bis 20	> 6,3 bis 20
	Feinkies	fG / fg	FGr / fgr	> 2,0 bis 6,3	> 2,0 bis 6,3
	Sand	S	Sa	> 0,063 bis 2,0	> 0,063 bis 2,0
	Grobsand	gS / gs	CSa / csa	> 0,63 bis 3,0	> 0,63 bis 3,0
	Mittelsand	mS / ms	MSa / msa	> 0,20 bis 0,63	> 0,20 bis 0,63
	Feinsand	fS / fs	FSa / fsa	> 0,063 bis 0,20	> 0,063 bis 0,20
feinkörniger Boden	Schluff	U	Si	> 0,002 bis 0,063	> 0,002 bis 0,063
	Grobschluff	gU / gu	CSi / csi	> 0,020 bis 0,063	> 0,020 bis 0,063
	Mittelschluff	mU / mu	MSi / msi	> 0,0063 bis 0,020	> 0,0063 bis 0,020
	Feinschluff	fU / fu	FSi / fsi	> 0,002 bis 0,0063	> 0,002 bis 0,0063
	Ton	T / t	Cl / cl	< 0,002	< 0,002

beschrieben. Im Jahr 2004 wurde DIN 4022 durch DIN EN ISO 14688-2 ersetzt. Aktuell gilt DIN EN ISO 14688-2. Die Begriffe der DIN 4022 sind zum Vergleich in Tafel 3.2 enthalten.

Bei der Benennung und Beschreibung eines Bodens nach DIN EN ISO 14 688-2 wird nach den Massenanteilen der Haupt- und Nebenbestandteile unterschieden. Die Benennung der Nebenbestandteile (Kleinschreibung) wird der Benennung der Hauptbestandteile (Großschreibung) in der Beschreibung vorangestellt.

Beispiel: feinsandiger, toniger Schluff: fsaclSi

Die Einordnung von Bodenarten (z. B. Kies, Sand, etc.) in Bodengruppen erfolgt unabhängig von Wassergehalt und Dichte nach der stofflichen Zusammensetzung unter Verwendung von Klassifizierungsmerkmalen nach DIN 18196. Hierbei wird nur der Korngrößenbereich bis zu einem Größtkorn von 63 mm berücksichtigt.

Die Einteilung erfolgt in die vier Hauptbodengruppen:

- grobkörnige Böden
- gemischtkörnige Böden
- feinkörnige Böden
- organische und organogene Böden

Diese vier Hauptbodengruppen werden wie folgt definiert:

Grobkörnige Böden
Der Massenanteil der Grobkornfraktion mit > 0,063 mm Korndurchmesser beträgt ≥ 95 %. Die bodenmechanischen Eigenschaften werden durch die grobkörnigen Bestandteile Sand und Kies bestimmt. Als maßgeblicher Laborversuch zur Klassifizierung dient die Ermittlung der Korngrößenverteilung nach DIN EN ISO 17892-4.

Beispiel: sandiger Kies: csaSa – fsaSa

Gemischtkörnige Böden
Der Massenanteil der Feinkornfraktion ≤ 0,063 mm beträgt ≤ 40 %. Die bodenmechanischen Eigenschaften werden je nach Anteil der grobkörnigen Bestandteile (Sand, Kies) durch die Korngrößenverteilung bzw. der feinkörnigen Bestandteile (Schluff, Ton) durch die Plastizität bestimmt. Als maßgebliche Laborversuche dienen die Ermittlung der Korngrößenverteilung nach DIN EN ISO 17892-4 sowie die Ermittlung der Zustandsgrenzen (Fließ- und Ausrollgrenze) nach DIN EN ISO 17892-12.

Beispiel: schluffiger Sand: csiSa

Feinkörnige Böden
Der Massenanteil der Feinkornfraktion ≤ 0,063 mm beträgt ≥ 40 %. Die bodenmechanischen Eigenschaften werden durch die Plastizität der feinkörnigen Bestandteile Schluff und Ton bestimmt. Die Plastizität wird durch den Wassergehalt an der Fließgrenze w_L und die Plastizitätszahl I_p definiert. Die Bestimmung der Plastizität erfolgt anhand von Laborversuchen nach DIN EN ISO 17892-12 zur Bestimmung des Wassergehalts an den Fließ- und Ausrollgrenzen sowie der Konsistenz I_c.

Beispiel: schluffiger Ton: csiCl

Organische und organogene Böden
Die Unterscheidung erfolgt in organische Böden (Torf) und organogene Böden (mineralische Böden mit organischen Anteilen).

Tafel 3.3: Kriterien der Bodenklassifizierung

grobkörnige Böden	grob- und gemischtkörnige Böden		feinkörnige Böden	organische Böden
Bodenklassifikation nach der Korngrößenverteilung	Bodenklassifikation nach der Korngrößenverteilung und plastischen Eigenschaften		Bodenklassifikation ausschließlich über plastische Eigenschaften (Konsistenzgrenzen nach DIN EN ISO 17892-12)	
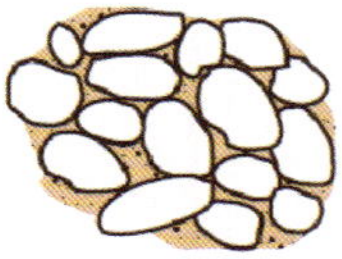 nichtbindig	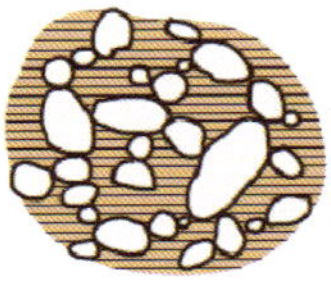 schwachbindig	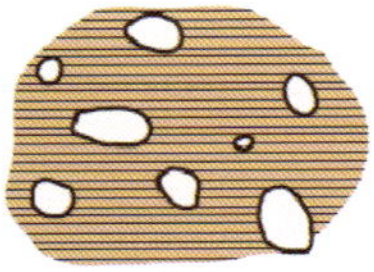 bindig	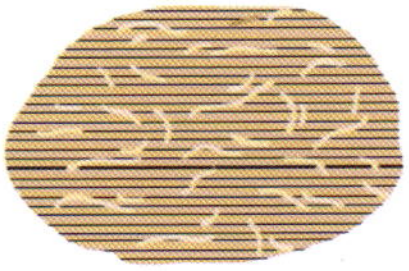 starkbindig	 bindig-locker
Korn-zu-Korn-Kontakt	Korn-zu-Korn-Kontakt	kein Korn-zu-Korn-Kontakt	Parallelstruktur, Wabenstruktur, Klumpenstruktur	fasrige Struktur
Feinkorn < 0,063 mm: < 5 M.-% „frostsicherer Boden“ geringe Zusammendrückbarkeit	Feinkorn < 0,063 mm: 5-15 M.-% „gering frostempfindlicher Boden“ geringe Zusammendrückbarkeit	Grobkorn „schwimmt“ in feinkörniger Matrix Feinkorn < 0,063 mm: < 15-35 M.-% „sehr frostempfindlicher Boden“ Eigenschaften des Feinkorns sind bestimmend	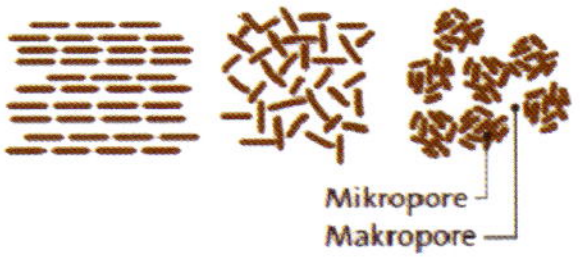 Mikropore Makropore	„sehr frostempfindlicher Boden“
große Porenräume	große Porenräume	kleine Porenräume	kleine Porenräume	kleine Porenräume
hohe bzw. relativ hohe Wasserdurchlässigkeit, geringes Wasserbindevermögen	hohe Wasserdurchlässigkeit, geringes Wasserbindevermögen	geringe Wasserdurchlässigkeit, mittleres Wasserbindevermögen	sehr geringe Wasserdurchlässigkeit, hohes bis sehr hohes Wasserbindevermögen	sehr geringe Wasserdurchlässigkeit, sehr hohes Wasserbindevermögen

DIN EN 16907:2019-04 beinhaltet Bodengruppen für Erdarbeiten, wobei Teil 2 die Materialklassifizierung betrifft (siehe Tafeln 3.4 und 3.5).

Tafel 3.4: Böden mit höchstens 15 % Feinkornanteil – grobkörnige Böden und gemischtkörnige Böden gemäß DIN EN 16907-2

Hauptgruppe	Benennung der Gruppe	Bodengruppensymbol DIN EN 16907-2	Bodengruppe gemäß DIN 18196	Korngrößen Massenanteil			Weitere Parameter für die Gruppeneinteilung (nicht veränderliche intrinsische Eigenschaften)	Bemerkung
				Feinkornanteil $C_{0,063}$ [%]	Sand-Massenanteil 0,063 mm < D ≤ 2 mm	Kies-Massenanteil 2 mm < D ≤ 63 mm	Ungleichförmigkeitszahl C_u	
grobkörniger Boden	Kies weit gestuft	G1	GW	< 5	geringer als Kies-Massenanteil	höher als Sand-Massenanteil	≥ 6	Boden ist gewöhnlich für Erdbauwerke und Bodenbehandlungen mit Bindemitteln einsetzbar
	Kies eng gestuft	G2	GE				< 6	
	Sand weit gestuft	S1	SW		höher als Kies-Massenanteil	geringer als Sand-Massenanteil	≥ 6	
	Sand eng gestuft	S2	SE				< 6	
gemischtkörniger Boden	Kies-Feinkorn-Gemisch weit gestuft	G3	GU, GT	5 – 15	geringer als Kies-Massenanteil	höher als Sand-Massenanteil	≥ 6	
	Kies-Feinkorn-Gemisch weit gestuft	G4					< 6	
	Sand-Feinkorn-Gemisch weit gestuft	S3	GU, GT		höher als Kies-Massenanteil	geringer als Sand-Massenanteil	≥ 6	
	Sand-Feinkorn-Gemisch weit gestuft	S4					< 6	

Anmerkung:
Die Krümmungszahl C_c ist ebenfalls nützlich für die Klassifizierung, Abstufungen und Grenzwerte unterscheiden sich in verschiedenen Ländern erheblich.

Tafel 3.5: Böden mit mehr als 15 % Feinkornanteil $C_{0,063}$ – gemischtkörnige und feinkörnige Böden gemäß DIN EN 16907-2

Hauptgruppe	Benennung der Gruppe	Bodengruppensymbol DIN EN 16907-2	Bodengruppe gemäß DIN 18196	Feinkornanteil $C_{0,063}$ [%]	Weitere Parameter für die Gruppierung (siehe Anmerkung [1])		Bemerkung
					Fließgrenze w_L [%]	Plastizitätsindex I_P (Methylenblau-Wert V_{BS}) [%]	
gemischtkörniger Boden (siehe Anmerkung [2])	gemischtkörniger Boden geringer Plastizität	I1	GT*	> 15 – 35		≤ 12 (≤ 1,5)	Boden ist gewöhnlich für Erdbauwerke und Bodenbehandlungen mit Bindemitteln einsetzbar.
		IL	GU*		≤ 35		
	gemischtkörniger Boden mittlerer bis hoher Plastizität	I2	ST*			> 12 (> 1,5)	
		IM	SU*		> 35		
feinkörniger Boden	feinkörniger Boden geringer Plastizität	F1	TL	> 35		≤ 12 (≤ 2,5)	Boden ist gewöhnlich für Erdbauwerke und Bodenbehandlungen mit Bindemitteln einsetzbar. Die Unterscheidung zwischen Schluff und Ton in feinkörnigen Böden darf anhand der A-Linie erfolgen (siehe Tafel 3.6).
		FL	UL		≤ 35		
	feinkörniger Boden mittlerer Plastizität	F2	TM			> 12 – 22 (> 2,5 – 6)	
		FM	UM		> 35 – 50		
	feinkörniger Boden hoher Plastizität	F3	TA			> 22 – 40 (> 6)	
		FH	UA		> 50 – 70		
	feinkörniger Boden sehr hoher Plastizität	F4	TA			> 40 (n/a)	Diese Böden sollten als nicht einsetzbar bewertet werden, soweit dies nicht durch Versuche, Erfahrungen an Ort und Stelle oder Behandlung widerlegt wird.
		FV	UA		> 70		

[1] Gemischtkörnige und feinkörnige Böden dürfen unter Verwendung der Fließgrenze oder des Plastiziätsindex oder des Methylenblau-Wertes VBS (jedoch nur unter Verwendung jeweils eines Parameters) klassifiziert werden; der für die Klassifizierung verwendete Parameter wird unter Verwendung der vorstehend angegebenen Gruppencodes angezeigt.

[2] Eine detaillierte Gruppeneinteilung darf bei gemischtkörnigen Böden durch Hinzufügen der Gruppe für den grobkörnigen Massenanteil entsprechend den Gruppen nach Tafel 3.4 und der Gruppe für den feinkörnigen Massenanteil entsprechend den Gruppen für feinkörnige Böden nach Tafel 3.5 (z.B. IM/S1/FH) erfolgen.

Tafel 3.6: Plastizitätsdiagramm zur Unterteilung feinkörniger Böden nach DIN EN 16907-2

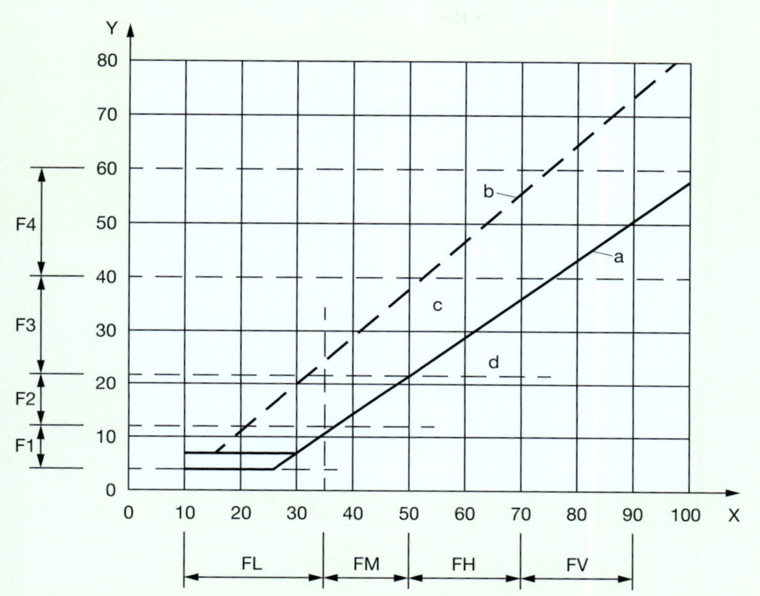

Bodengruppensymbol	Fließgrenze w_L [%]	Bodengruppensymbol	Plastizitätsindex I_P [%]
FL	< 35	F1	< 12
FM	35 – 50	F2	12 – 22
FH	50 – 70	F3	22 – 40
FV	> 70	F4	> 40

Feinkörnige Böden mit Fließgrenzen über 70 % (aufgetragen unterhalb der A-Linie) können als „Schluff sehr hoher Plastizität" bezeichnet werden. Das Vorkommen solcher Materialien in der Praxis ist jedoch unwahrscheinlich.

Die Klassifizierung gemischt- und feinkörniger Böden mit geringer bis sehr hoher Plastizität gemäß DIN EN 16907-2 erfolgt auf der Grundlage der Ergebnisse der Laborversuche zur Bestimmung der Zustandsgrenzen (Fließgrenze w_L, Ausrollgrenze w_P sowie des Plastizitätsindex I_P) nach DIN EN ISO 17892-12 oder des Methylenblau-Wertes V_{BS} gemäß der französischen Norm NF 94-068 (Anmerkung: Die Methylenblau-Werte V_{BS} unterscheiden sich erheblich von den Methylenblau-Werten MB und MB_i, bestimmt nach EN 933-9 für Gesteinskörnungen.).

In den Kapiteln 5.6 bis 5.9 der DIN EN ISO 14688-1 sind Angaben zu weiteren Verfahren zur Bestimmung des Plastizitätsmoduls I_P von Böden mit niedriger Fließgrenze enthalten, sodass diese versuchstechnisch dem Ton- und Schluffbereich zugeordnet werden können.

Tafel 3.7: Klassifizierung Böden in Bodengruppen nach DIN 18196

Zeile	Definition und Benennung						Kurzzeichen Gruppensymbol
	Hauptgruppen	Korngrößenanteil [M.-%] Korndurchmesser		Plastizitätszahl und Lage zur A-Linie (siehe Tafel 3.6)	Gruppen		
		≤ 0,06 mm	≤ 2 mm				
1	grobkörnige Böden	< 5 %	≤ 60 %	–	enggestufte Kiese		GE
2					weitgestufte Kies-Sand-Gemische		GW
3					intermittierend gestufte Kies-Sand-Gemische		GI
4			> 60 %	–	enggestufte Sande		SE
5					weitgestufte Sand- Kies-Gemische		SW
6					intermittierend gestufte Sand-Kies-Gemische		SI
7	gemischtkörnige Böden	5 – 15 %	≤ 60 %	–	Kies-Schluff-Gemische	5 – 15 M.-% ≤ 0,06 mm	GU
8					Kies-Ton-Gemische		GT
9			> 60 %		Sand-Schluff-Gemische		SU
10					Sand-Ton-Gemische		ST
11		5 – 40 %	≤ 60 %	–	Kies-Schluff-Gemische	15 – 40 M.-% ≤ 0,06 mm	GU*
12					Kies-Ton-Gemische		GT*
13			> 60 %		Sand-Schluff-Gemische		SU*
14					Sand-Ton-Gemische		ST*
15	feinkörnige Böden	> 40 %	–	$I_p \leq 4$ % oder unterhalb der A-Linie	leicht plastische Schluffe	$w_L < 35$ %	UL
16					mittelplastische Schluffe	35 % $\leq w_L \leq$ 50 %	UM
17					ausgeprägt plastische Schluffe	$w_L > 50$ %	UA
18				$I_p \geq 7$ % und oberhalb der A-Linie	leicht plastische Tone	$w_L < 35$ %	TL
19					mittelplastische Tone	35 % $\leq w_L \leq$ 50 %	TM
20					ausgeprägt plastische Tone	$w_L > 50$ %	TA

<table>
<tr><th rowspan="2">Frostempfindlichkeitsklassen nach ZTV E-StB</th><th colspan="3">Erkennungsmerkmale u.a. für Zeilen 16 bis 21</th><th rowspan="2">Beispiele</th></tr>
<tr><th>Trockenfestigkeit</th><th>Reaktion beim Schüttelversuch</th><th>Plastizität beim Knetversuch</th></tr>
<tr><td rowspan="5">F1</td><td colspan="3">steile Körnungslinie infolge Vorherrschens eines Korngrößenbereiches</td><td rowspan="3">Fluss- und Strandkies
Terrassenschotter
vulkanische Schlacke</td></tr>
<tr><td colspan="3">über mehrere Korngrößenbereiche kontinuierlich verlaufende Körnungslinie</td></tr>
<tr><td colspan="3">meist treppenartig verlaufende Körnungslinie infolge Fehlens eines oder mehrerer Korngrößenbereiche</td></tr>
<tr><td colspan="3" rowspan="2">steile Körnungslinie infolge Vorherrschens eines Korngrößenbereiches</td><td>Dünen- und Flugsand
Fließsand, Berliner Sand,
Beckensand, Tertiärsand</td></tr>
<tr><td>Moränesand,
Terrassensand,
Granitsand</td></tr>
<tr><td rowspan="2">F2*</td><td colspan="3">weit oder intermittierend gestufte Körnungslinie, Feinkornanteil ist schluffig</td><td rowspan="2">Moränekies,
Verwitterungskies,
Hangschutt,
Geschiebelehm</td></tr>
<tr><td colspan="3">weit oder intermittierend gestufte Körnungslinie, Feinkornanteil ist tonig</td></tr>
<tr><td rowspan="4">F3</td><td colspan="3" rowspan="2">weit oder intermittierend gestufte Körnungslinie, Feinkornanteil ist schluffig</td><td>Tertiärsand</td></tr>
<tr><td>Auelehm, Sandlöß</td></tr>
<tr><td colspan="3" rowspan="2">weit oder intermittierend gestufte Körnungslinie, Feinkornanteil ist tonig</td><td>Tertiärsand,
Schleichsand</td></tr>
<tr><td>Geschiebelehm,
Geschiebesand</td></tr>
<tr><td rowspan="4">F3</td><td>niedrige</td><td>schnelle</td><td>keine bis leichte</td><td>Löß, Hochflutlehm</td></tr>
<tr><td>niedrige bis mittlere</td><td>langsame</td><td>leichte bis mittlere</td><td>Seeton, Beckenschluff</td></tr>
<tr><td>hohe</td><td>keine bis langsame</td><td>mittlere bis ausgeprägte</td><td>vulkanische Böden,
Bimsböden</td></tr>
<tr><td>mittlere bis hohe</td><td>keine bis langsame</td><td>keine bis leichte</td><td>Geschiebemergel,
Bänderton</td></tr>
<tr><td rowspan="2">F2</td><td>hohe</td><td>keine</td><td>keine bis leichte</td><td>Lößlehn, Beckenton,
Keuperton, Seeton</td></tr>
<tr><td>sehr hohe</td><td>keine</td><td>keine bis leichte</td><td>Terras, Lauenburger Ton,
Beckenton</td></tr>
</table>

* zu F1 gehörig, wenn bei $U \geq 15{,}0$ der Anteil an abschlämmbaren Bestandteilen ($d < 0{,}063$ mm) $\leq 5{,}0$ M.-% ist oder bei $U \leq 6{,}0$ der Anteil an abschlämmbaren Bestandteilen ($d < 0{,}063$ mm) $\leq 15{,}0$ M.-% ist.
Im Bereich $6{,}0 < U < 15{,}0$ kann der für die Zuordnung zu F1 zulässige Anteil an Korn unter 0,063 mm linear interpoliert werden (s. Tafel 3.6)

Fortsetzung **Tafel 3.7:** Klassifizierung Böden in Bodengruppen nach DIN 18196

Zeile	Definition und Benennung							Kurzzeichen Gruppensymbol
	Hauptgruppen	Korngrößenanteil [M.-%] Korndurchmesser		Plastizitätszahl und Lage zur A-Linie (siehe Tafel 3.6)	Gruppen			
		≤ 0,06 mm	≤ 2 mm					
21	organogene[1] Böden und Böden mit organischen Beimengungen	> 40 %	–	$I_p \geq 7$ % und unterhalb der A-Linie	Schluffe mit organischen Beimengungen und organische Schluffe	nicht brenn- oder schwelbar	35 % w_L ≤ 50 %	OU
22					Tone mit organischen Beimengungen und organogene Tone		w_L > 50 %	OT
23		< 40 %		–	grob- bis gemischtkörnige Böden mit Beimengungen humoser Art			OH
24					grob- bis gemischtkörnige Böden mit kalkigen, kieseligen Bildungen			OK
25	organische Böden	–		–	nicht bis mäßig zersetzte Torfe (Humus)	brenn- oder schwelbar		HN
26					zersetzte Torfe			HZ
27					Schlämme als Sammelbegriff für Faulschlamm, Mudde, Gyttja, Dy und Saporol			F
28	Auffüllung	–		–	Auffüllungen aus natürlichen Böden, jeweiliges Gruppensymbol in eckiger Klammer			[–]
29					Auffüllungen aus Fremdstoffen			A

[1] unter Mitwirkung von Organismen gebildete Böden

Frostempfindlichkeitsklassen nach ZTV E-StB	Erkennungsmerkmale u.a. für Zeilen 16 bis 21			Beispiele
	Trockenfestigkeit	Reaktion beim Schüttelversuch	Plastizität beim Knetversuch	
F3	mittlere	langsame bis sehr schnelle	mittlere	Seekreide, Kieselgur, Mutterboden
F2	hohe	keine	ausgeprägte	Schlick, Klei, tertiäre Kohletone
	Beimengungen pflanzlicher Art, meist dunkle Färbung, Modergeruch, Glühverlust bis etwa 20 Massenanteil			Mutterboden, Paläoboden
	Beimengungen nicht pflanzlicher Art, meist helle Färbung, leichtes Gewicht, große Porosität			Kalksand, Tuffsand, Wiesenkalk
	an Ort und Stelle aufgewachsene Humusbildungen	Zersetzungsgrad 1 bis 5, faserig, holzreich, hellbraun bis braun		Niedermoortorf, Hochmoortorf, Bruchwaldtorf
		Zersetzungsgrad 6 bis 10, schwarzbraun bis schwarz		
	unter Wasser abgesetzte (sedimentäre) Schlamme aus Pflanzenresten, Kot und Mikroorganismen, oft von Sand, Ton und Kalk durchsetzt, blauschwarz oder grünlich bis gelbbraun, gelegentlich dunkelgraubraun bis blauschwarz, federnd, weichschwammig			Mudde, Faulschlamm
	–			
				Müll, Schlacke, Bauschutt, Industrieabfall

Tafel 3.8: Bodenbeschreibung – Konsistenzgrenzen (Holcim)

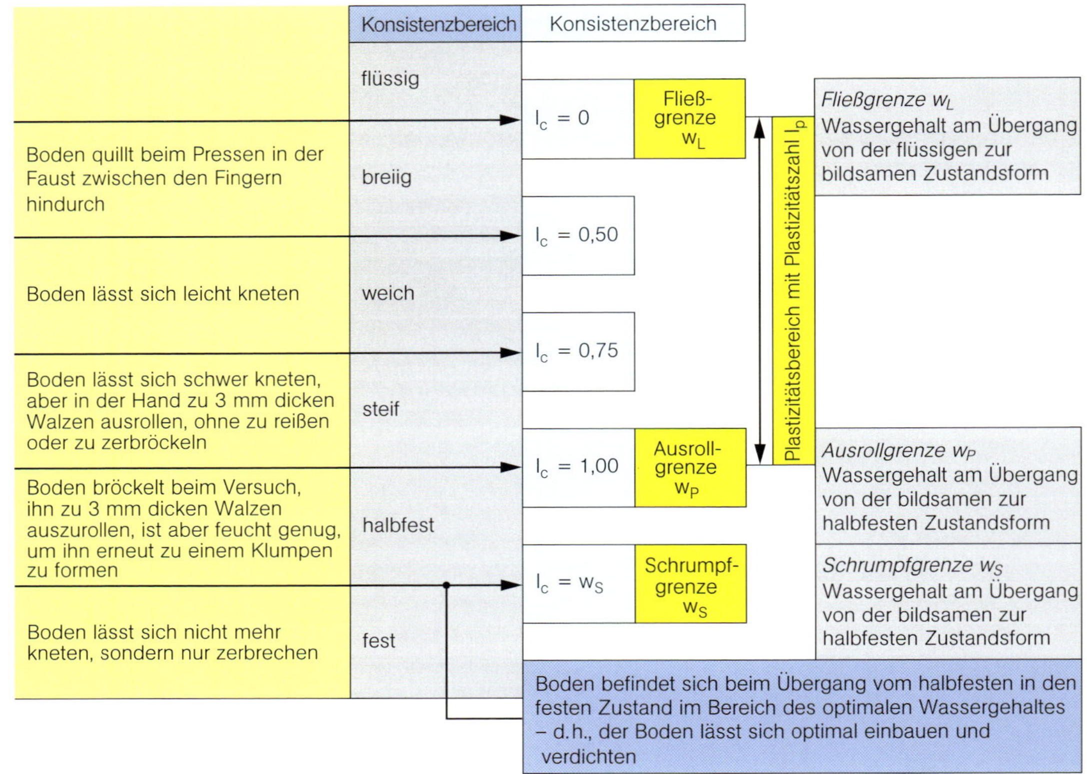

[1] Boden befindet sich beim Übergang vom halbfesten in den festen Zustand im Bereich des optimalen Wassergehaltes – d. h., der Boden lässt sich optimal einbauen und verdichten

Gemischtkörnige Böden mit einem Feinkornanteil von > 15 % sowie feinkörnige Böden werden zusätzlich durch die Angabe der Konsistenz beschrieben.

Im Hinblick auf die bautechnische Verwendbarkeit/Eignung der in der DIN 18196 klassifizierten Böden zu Bodengruppen werden diese auf der Grundlage der Definitionen der ZTV E-StB zusätzlich in die Frostempfindlichkeitsklassen F1 bis F3 eingestuft.

Durch die Bodenhandlung mit hydraulischen Bindemitteln können gering bis sehr frostempfindliche Böden der Frostempfindlichkeitsklassen F2 und F3 frostunempfindlich gemacht werden. Diese Böden können dann der Frostempfindlichkeitsklasse F1 zugeordnet werden.

Tafel 3.9: Klassifizierung von Bodengruppen nach ihrer Frostempfindlichkeit nach ZTV E-StB

	Frostempfind-lichkeit	Bodengruppen (DIN 18196)
F1	nicht frostempfindlich	GW, GI, GE SW, SI, SE
F2	gering bis mittel frostempfindlich	TA OT, OH, OK ST[1], GT[1] SU[1], GU[1]
F3	sehr frostempfindlich	TL, TM UL, UM, UA OU ST*, GT* SU*, GU*

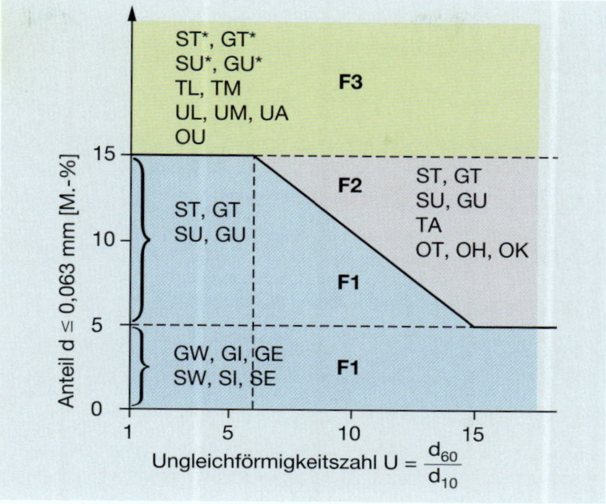

Anmerkung:
[1] zu F1 gehörig, wenn bei
U ≥ 15,0 der Anteil an abschlämmbaren Bestandteilen (d < 0,063 mm) ≤ 5,0 M.-% ist oder bei
U ≤ 6,0 der Anteil an abschlämmbaren Bestandteilen (d < 0,063 mm) ≤ 15,0 M.-% ist.
Im Bereich 6,0 < U < 15,0 kann der für die Zuordnung zu F1 zulässige Anteil an Korn unter 0,063 mm linear interpoliert werden (siehe Tafel 3.6)

3.3 Böden und Bindemittel

3.3

3.3.1 Eignungskriterien von Böden

Vor Beginn der Bauausführung einer Bodenbehandlung ist die Eignung der zu behandelnden Böden oder mineralischen Baustoffe zu beurteilen und je nach Bauaufgabe durch gesonderte Untersuchungen nachzuweisen. Dies erfolgt normalerweise auf der Grundlage von Erfahrungen mit vergleichbaren Böden und Aufgabenstellungen und/oder anhand von gezielten Labor- und/oder Feldversuchen.

Grundsätzlich ist jedoch zuerst die bautechnische Eignung der zu behandelnden Böden und mineralischen Baustoffe auf der Grundlage ihrer bodenmechanischen Eigenschaften unter Berücksichtigung der Klassifizierung nach DIN 18196 zu beurteilen.

Bei künstlichen Gesteinskörnungen und RC-Baustoffen müssen die umweltrelevanten Anforderungen und die wasserrechtlichen Auflagen beachtet werden.

Geeignete Böden nach DIN 18196:

- grobkörnige Böden mit einer maximalen Korngröße von 63 mm
  → GE, GW, GI, SE, SW, SI
- fein- und gemischtkörnige Böden:
  → SU, ST, GU, GT, SU*, ST*, GU*, GT*, UL, UM, UA, TL, TM

Bedingt geeignete Böden nach DIN 18196 und mineralische Baustoffe

- ausgeprägt plastische Tone der Bodengruppe TA, soweit sie weiche bis steife Konsistenz haben und ausreichend zerkleinert werden können
- gemischtkörnige Böden mit Steinen über 63 mm, sofern diese aussortiert oder aufgrund des Verwitterungszustandes und der Festigkeit zerkleinert werden können
- Böden mit organischen Beimengungen und organogene Böden
- rezyklierte und industriell hergestellte Gesteinskörnungen gemäß TL BuB E-StB, soweit diese ausreichend zerkleinert und aufbereitet werden können
- veränderlich feste Gesteine (Schluff- und Tonsteine), wenn sie sich ausreichend zerkleinern lassen und die Anforderungen an den Luftporengehalt bei der Verdichtung eingehalten werden und, sofern quellfähige Tonminerale vorhanden sind, diese durch die Bindemittelzugabe immobilisiert werden
- sulfathaltige Böden, soweit nachgewiesen werden kann, dass die chemische Beschaffenheit keine negativen Auswirkungen auf die Qualität und Dauerhaftigkeit der Bodenbehandlung hat

Ungeeignete Böden

Ungeeignet sind Böden, die trotz der Zugabe von Bindemitteln und den im Erdbau üblichen Verfahren und Geräten nicht wesentlich verbessert (Einbaubarkeit, Verdichtbarkeit) oder ausreichend verfestigt (Tragfähigkeit, Frostbeständigkeit) werden können:

- ausgeprägt plastische Tone der Bodengruppe TA mit halbfester bis fester Konsistenz
- veränderlich feste Gesteine (Schluff- und Tonsteine), wenn sie sich nicht ausreichend zerkleinern lassen
- organische Böden
- sulfathaltige Böden mit Bestandteilen aus Pyrit, Gips oder Anhydrit

Sulfateinfluss

Bedingt durch chemische Reaktionen der Sulfate und Sulfite (Pyrit) mit dem freien Calcium aus dem Kalk oder Zement (oder von beiden Bestandteilen im Mischbindemittel) kann bei ungehindertem Zutritt von Wasser eine unkontrollierte Volumenzunahme infolge Quellens der mit Bindemittel behandelten Böden und mineralischen Baustoffe entstehen. Die hierbei durch Ettringit- oder Thaumasitaufwuchs entstehenden Volumenzunahmen können 10 – 30 % betragen. Dabei können Quelldrücke von bis zu 5 MPa auftreten. Die Volumenzunahme und die daraus resultierenden zunehmenden Quelldrücke können zu Schäden an Bauwerken im Einflussbereich führen. Eine Sanierung dieser Schäden macht meist den Austausch der betroffenen Böden und mineralischen Baustoffe erforderlich.

Geogen belastete Böden und rezyklierte Baustoffe für Bodenbehandlungen sind immer auf Sulfate zu prüfen.

Insbesondere sulfathaltige Böden und Wässer, die Pyrit, Gips und Anhydrit enthalten, reagieren entsprechend in Verbindung mit freiem Calcium bei pH-Werten über 10,5.

Ferner sind weitere Einflussfaktoren für eine Ettringit- oder Thaumasitreaktion mitverantwortlich.

Diese sind u. a.:

- Temperatur (für Reaktion < 15 °C notwendig)
- Trocken-Nass-Zyklen
- Porenvolumen des verdichteten Bodens
- Typ und Löslichkeit der Sulfate
- Tongehalt des Bodens (< 10 % Tonanteil unproblematisch)
- Anteil Sulfat im Porenwasser

Das Risiko von Ettringit- und Thaumasitaufwuchs ist im Vorfeld der Bodenbehandlung an entsprechend vorbelasteten Böden und mineralischen Baustoffen anhand von gesonderten chemischen und mineralogischen Untersuchungen repräsentativer Proben zu bewerten. Die folgenden Bewertungskriterien sind hierbei zu beachten.

Bewertungskriterien für den Sulfatgehalt im Porenwasser von anstehenden Böden
- keine Gefährdung: elektrische Leitfähigkeit des Bodensättigungsextraktes < 200 µS/cm, Sulfatgehalt < 3 000 ppm (≙ ca. 3 000 mg/l), Tongehalt < 10 %
- geringe Gefährdung: Sulfatgehalt 3 000 – 5 000 ppm (≙ ca. 3 000 – 5 000 mg/l)
- mittlere bis hohe Gefährdung: Sulfatgehalt 5 000 – 8 000 ppm (≙ ca. 5 000 – 8 000 mg/l)
- Boden für Bodenbehandlung ungeeignet: Sulfatgehalt > 8 000 ppm (≙ ca. Gehalten ab 8 000 mg/l)

Die Eignung von sulfathaltigen Böden und Baustoffen sollte ab einem Sulfatgehalt > 0,3 M.-% im Feststoff in jedem Falle besonders untersucht werden.

3.3.2 Eignungskriterien von Bindemitteln

Die Wahl des Bindemittels ist abhängig von den bodenmechanischen Eigenschaften des unverbesserten Ausgangsbodens und den erdbautechnischen/konstruktiven Anforderungen, die durch die Bauaufgabe an das Boden-Bindemittel-Gemisch gestellt werden.

Bindemittelarten

Zur Bodenbehandlung können folgende genormte Bindemittel sowie Mischungen aus genormten Bindemitteln verwendet werden:

- Zemente nach DIN EN 197-1
- Baukalke nach DIN EN 459-1
- hydraulische Boden- und Tragschichtbinder nach DIN EN 13282-1
- Mischbindemittel aus genormten hydraulischen Bindemitteln oder deren hydraulischen Hauptbestandteilen und Kalk

Andere Bindemittel aus genormten und nicht genormten Bestandteilen können eingesetzt werden, wenn ihre Eignung anhand von Labor- und/oder Feldversuchen nachgewiesen und die Verwendung zwischen Auftraggeber und Auftragnehmer vereinbart ist.

Bindemittel mit besonderen Eigenschaften
Zu den Bindemitteln mit besonderen Eigenschaften gehören hydrophobierte Bindemittel sowie Normalzemente nach DIN EN 197-1, die z. B. als SR-Zemente einen hohen Sulfatwiderstand aufweisen.

Hydrophobierte Bindemittel bestehen aus Normalzementen nach DIN EN 197-1, die werkseitig durch die Zugabe von Additiven wasserabweisend, d. h. hydrophob, gemacht werden. Solange diese Hydrophobierung wirkt, setzt auch bei Kontakt mit feuchtem Boden noch keine hydraulische Erhärtungsreaktion ein. Die Hydrophobierung der Zementpartikel wird erst durch eine mechanische Einwirkung während des Einmischens des Bindemittels in den Boden, beispielsweise durch Einfräsen, aufgebrochen. Bei der Verarbeitung hydrophobierter Bindemittel steht ein längeres Zeitfenster für die Verarbeitung zur Verfügung, da die Reaktion des Zementes mit Wasser erst zu einem späteren Zeitpunkt einsetzt. Diese Eigenschaft kann insbesondere bei ungünstigen Wetterverhältnissen von Vorteil sein. Das erforderliche Aufbrechen der Hydrophobierung erfordert eine besonders sorgfältige Durchführung der Fräsarbeiten, um sicherzustellen, dass das gesamte Bindemittelvolumen als Reaktionsmasse für die Bodenbehandlung zur Verfügung steht.

SR-Zemente mit besonderen Eigenschaften müssen die Anforderungen an Normalzemente nach DIN EN 197-1 erfüllen.

3.3.3 Einsatzbereiche der Bindemittel

Baukalke
Baukalke stehen in Form von ungelöschtem Kalk (CaO) als Branntkalk, Weißfeinkalk und Dolomitfeinkalk oder in der sogenannten gelöschten Form (nach Reaktion mit Wasser als $Ca(OH)_2$) als Kalkhydrat, Weißkalkhydrat und Dolomitkalkhydrat zur Verfügung. Feinkalk und Kalkhydrat sind Luftkalke. Sie bestehen vorwiegend aus Calciumoxid und Magnesiumoxid oder, in den gelöschten Varianten, aus den jeweiligen Hydroxiden, die unter Einwirkung atmosphärischen Kohlenstoffdioxids langsam an der Luft erhärten. Diese Kalke weisen keine hydraulischen Eigenschaften auf, sodass sie im Allgemeinen nicht unter Wasser erhärten. Die mineralogische Zusammensetzung der Kalkart wird durch das Rohstoffvorkommen bestimmt.

Bei der Wirkungsweise der Baukalke wird zwischen der Sofortreaktion und der Langzeitreaktion unterschieden. Je nach Kalkart und Zugabemenge setzt die Sofortreaktion innerhalb von Minuten nach dem Einmischen in den Boden durch die Aggregierung von Ton-und Schluffpartikeln zu größeren Körnern (Krümelbildung) sowie bei Verwendung von ungelöschtem Kalk (z. B. Feinkalk) durch Wasserentzug ein.

Die Reaktivität von Baukalk ist aufgrund seiner chemischen Beschaffenheit deutlich größer als die von Kalkhydrat. Bei Verwendung von Baukalk entsteht durch die spontane chemische Reaktion mit dem freien Wasser des Bodens Kalkhydrat. Beim Löschen von Feinkalk wird ca. 300 g Porenwasser je kg Baukalk gebunden, also verbraucht, und steht zur Verflüssigung des Bodens nicht mehr zur Verfügung. Die beim Löschen auftretende Erwärmung des Boden-Kalk-Gemisches führt zusätzlich zum Verdampfen von Porenwasser. Dieser Effekt kann durch die Anzahl der Mischvorgänge verstärkt werden. Als Faustformel gilt, dass der Wassergehalt des Bodens je Massenprozent Feinkalkzugabe um 1–2 % reduziert werden kann. Baukalke eignen sich insbesondere zur Verbesserung der Verarbeitungs- und Verdichtungsfähigkeit von zu nassen, feinkörnigen und gemischtkörnigen Böden der Bodengruppen GU*, GT*, SU*, ST*, UL, TL, TM, TA durch den Entzug von Wasser.

Bei Verwendung von Kalkhydrat kann aufgrund der chemischen Beschaffenheit kein Porenwasser durch Löschen, wie z. B. bei Feinkalk, gebunden werden. Kalkhydrat eignet sich damit primär nicht zur Reduzierung des Wassergehaltes zu nasser Böden.

Die Langzeitreaktion von Kalk beginnt nach einigen Tagen und kann mehrere Jahre dauern. Sie tritt bei gelöschten und ungelöschten Kalken gleichermaßen ein. Hierbei findet durch chemische und physikalische Vorgänge (Ionenaustausch, Koagulation, Ca-Brückenbildung) eine Umwandlung der Bodenstruktur statt, die langfristig eine Zunahme der Festigkeit und Raumbeständigkeit zur Folge hat. Umfang und Geschwindigkeit der Festigkeitsentwicklung sind abhängig von der mineralogischen Zusammensetzung des behandelten Bodens, von der Kalkart und vom Wasserangebot.

Bei einem zu geringen Wasserangebot werden die Hydratbildung des Kalziumoxids und eventuelle puzzolanische Reaktionen des Kalkhydrates, welche für die Festigkeitsentwicklung verantwortlich sind, unterbrochen oder verzögert. Diese Reaktionen sind im Allgemeinen mit einer Volumenzunahme verbunden. Bei einer späteren Aktivierung durch den Zutritt von Wasser, kann es bei einem zu geringen Überlagerungsdruck zu unerwünschten Hebungen und zu einer Zerstörung der Struktur kommen, wodurch Schäden am Bauwerk entstehen können.

Zemente

Die Wirkung von Zement beruht auf der Erhärtungsreaktion mit Wasser. Hierbei entstehen wasserhaltige Verbindungen, die sogenannten Hydratphasen, die das Erstarren und Erhärten des Zementleims zum Zementstein bewirken. Das Erstarren des Zementleims beginnt nach etwa ein bis drei Stunden.

Die Reaktion findet üblicherweise mit dem im Boden vorhandenen Porenwasser statt. Im Verlauf der Erstarrung und der anschließenden Erhärtung wird der Porenraum zwischen den Zementpartikeln durch die Bildung von Hydratphasen gefüllt. Hierdurch verdichtet sich das Gefüge bei gleichzeitiger Zunahme der Festigkeit. Bei einem Wasserdefizit stagniert dieser Prozess irreversibel, sodass das Gefüge nicht die zu erwartende Festigkeit erreicht.

Zemente eignen sich insbesondere zur qualifizierten Verbesserung gemischtkörniger Böden der Bodengruppen GU, GT, SU, ST mit einem Feinkornanteil (Ton- und Schluff) von < 15 % sowie grobkörnigen Böden der Bodengruppen GW, GE, GI, SW, SE, SI.

Mischbindemittel
Die Wirkung von Mischbindemitteln in Form von Zement-Kalk-Mischungen kombiniert die Wirkungsweise der Komponenten Zement und ungelöschter Kalk, wobei das Mischungsverhältnis nach Bedarf an die Boden- bzw. Feuchteverhältnisse und die Funktion der Bodenbehandlung für die Bauaufgabe angepasst werden kann.

Mischbindemittel können bei einem entsprechenden Mischungsverhältnis prinzipiell für alle Bodenarten eingesetzt werden. Sie eignen sich insbesondere zur qualifizierten Verbesserung feinkörniger, gemischtkörniger und grobkörniger Böden der Bodengruppen GW, GI, GE, SW, SI, SE, SU, SU*, ST, ST*, UL, TL, TM, TA.

Die Zusammensetzung eines Mischbindemittels ist abhängig von den erdbautechnischen Anforderungen an das Boden-Bindemittel-Gemisch. Hierbei ist zu beachten, dass Anforderungen an die Festigkeit und die Tragfähigkeit nur über die Zementkomponente des Mischbindemittels gesteuert werden können.

Bei der Verwendung von grobkörnigen Böden sind in der Regel zementdominierte Mischungen zu verwenden. Mit zunehmendem Feinkorngehalt der Böden ist eine Erhöhung des Kalkanteils von Vorteil, wobei auch den Anforderungen an die Festigkeit und an die Tragfähigkeit gezielt entsprochen werden kann. Bewährt haben sich hierbei Mischbindemittel mit einem Zementanteil von rd. 60 bis 70 % und einem entsprechendem Kalkanteil von rd. 30 bis 40 %.

Tragschichtbinder
Tragschichtbinder nach DIN EN 13282-1 bestehen aus den Hauptbestandteilen Portlandzementklinker, Hüttensand, Kalksteinmehl und Nebenbestandteilen sowie Calciumsulfat als Erstarrungsregler. Je nach Hersteller variieren die Einzelkomponenten, wobei die Mindestanforderungen der Norm eingehalten werden müssen.

Tragschichtbinder eignen sich insbesondere zur qualifizierten Verbesserung gemischtkörniger Böden der Bodengruppen GU, GT, SU, ST mit einem Feinkornanteil (Ton- und Schluff) von < 15 % sowie grobkörnigen Böden der Bodengruppen GW, GE, GI, SW, SE, SI.

3.3.4 Wirkungsweise unterschiedlicher Bindemittel

Die Behandlung von Böden und mineralischen Baustoffen mit Bindemitteln geschieht in der Absicht einer Veränderung ihrer natürlichen bodenmechanischen Eigenschaften durch die Erhöhung von Druckfestigkeit, Steifigkeit (E-Modul) und Kohäsion. Diese Parameter nehmen innerhalb der üblichen Zugabemengen proportional zur Bindemittelmenge zu. Das Niveau dieser Zunahme ist abhängig von der gewählten Bindemittelart. Bei Verwendung von Zement und zementdominierten Bindemitteln wird gegenüber Baukalken ein um Größenordnungen höheres Niveau erreicht.

Durch die Zugabe von Bindemitteln werden Trockendichte und optimaler Wassergehalt gegenüber den Werten des unbehandelten Bodens verändert. Beispiele hierfür sind in der folgenden Grafik dargestellt.

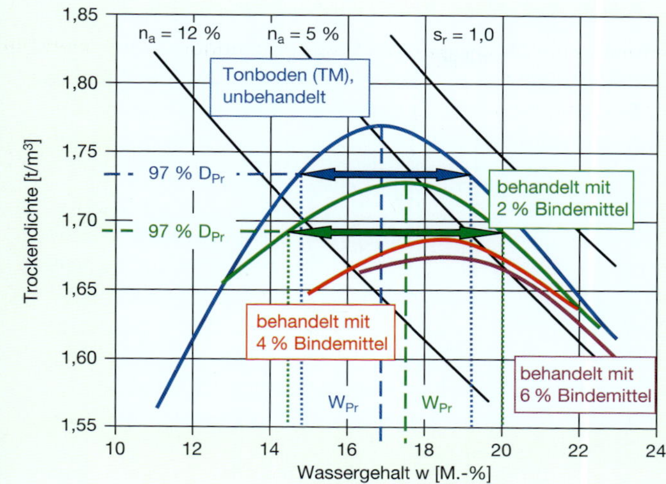

Tafel 3.10: Wirkungsweise von Bindemittel in einem Tonboden

Eine Übersicht über die Hauptanwendungsbereiche der o. g. Bindemittelarten ist in der nachfolgenden Grafik in Abhängigkeit der Korngrößenverteilung und der Bodengruppe nach DIN 18196 dargestellt. Diese Übersicht dient der generellen Orientierung für die Wahl einer geeigneten Bindemittelart für die Bodenbehandlung mit Bindemitteln. Sie ersetzt nicht die Durchführung von entsprechenden Eignungsuntersuchungen im Labor und/oder im Feld zur Bestimmung des geeignetesten Bindemittels bzw. der Bindemittelzusammensetzung.

Tafel 3.11: Eignungsbereiche der Bindemittel – Böden nach granulometrischer Zuordnung

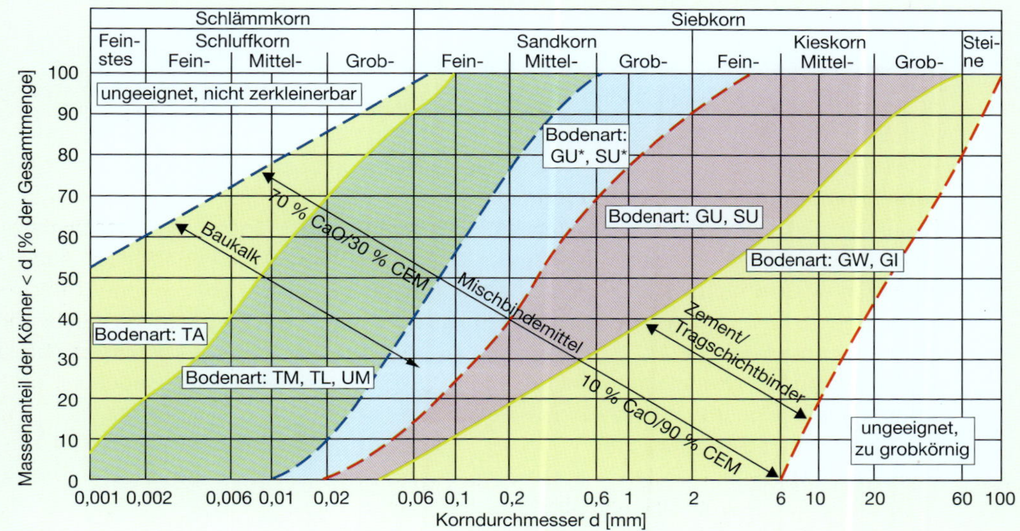

Boden-Bindemittel-Gemische sind Baustoffe, die eine bestimmte Aufgabe/Funktion innerhalb eines Bauwerkes erfüllen müssen. Aus dieser Funktion leiten sich spezifische Materialeigenschaften ab. Der verfügbare Boden bildet den Rohstoff, welcher durch die Behandlung mit Bindemitteln an die gewünschten Materialeigenschaften angepasst werden kann. Hierbei sind Belange des Bauprozesses sowie konstruktive und erdstatische Randbedingungen zu beachten.

Bei einer Bodenverbesserung zur Optimierung der Verarbeitungs- und Verdichtungsfähigkeit durch die Reduzierung des Wassergehalts empfiehlt sich die Verwendung von ungelöschtem Kalk (Feinkalk, Branntkalk) oder Mischbindemitteln mit einem mittleren bis hohen Anteil an solchen Kalken. Die Erhöhung der Tragfähigkeit erfordert in der Regel die Anwendung festigkeitsbildender Bindemittel wie z. B. Zement oder zementdominierte Mischbindemittel. Zur Gewährleistung einer ausreichenden Frostbeständigkeit ist die Verwendung von festigkeitsbildenden Bindemitteln wie Zement, zementdominierten Mischbindemitteln oder Tragschichtbindern erforderlich.

3.4

3.4 Anwendungsgrundsätze bei Bodenbehandlungen

Bei der Bodenbehandlung mit Bindemitteln werden die folgenden drei Verfahren unterschieden:

Bodenverbesserung
qualifizierte Bodenverbesserung (zementstabilisierte Böden)
Bodenverfestigung

Es handelt sich hierbei um bautechnologische Verfahren zur Bodenbehandlung mit Bindemitteln.

3.4.1 Bodenverbesserung

Bodenverbesserungen können bei Erdarbeiten aller Art zur Verbesserung der Verarbeitungs- und Verdichtungseigenschaften von Böden sowie zur Schaffung tragfähiger Planien eingesetzt werden und stellen in der Regel Baubehelfe dar. Bodenverbesserungen eignen sich ebenfalls zum temporären Schutz von Erdflächen gegen Erosion und Witterungseinflüsse. Hauptanwendungsgebiet ist die Verbesserung der Verarbeitbarkeit durch Wasserentzug und die Erhöhung der Tragfähigkeit. Die erdbautechnischen Anforderungen werden baubegleitend nach Bedarf in Abhängigkeit der örtlichen Verhältnisse festgelegt. So kann z. B. mit einer Bodenverbesserung durch die Zugabe von 2 – 3 M.- % eines Mischbindemittels aus 70 % Zement und 30 % Weißfeinkalk eine gering tragfähige Dammaufstandsfläche aus feinkörnigen Böden zur Schaffung einer Arbeitsebene sowie eines tragfähigen Verdichtungswiderlagers zu einem Verformungsmodul von $E_{v2} \geq 45$ MPa stabilisiert werden.

Tafel 3.12: Bindemittelmengen nach Bodenarten

Bodengruppe	Bindemittelart / Bindemittelmenge [M.-%]				
	Baukalk DIN EN 459-1	Kalkhydrat DIN EN 459-1	Zement DIN 197-1	Tragschicht-binder DIN EN 13281-1	Misch-bindemittel
grobkörnige Böden	–	–	2 – 4	2 – 6	2 – 4
fein- und gemischt-körnige Böden	2 – 9	2 – 9	2 – 6	2 – 6	2 – 6

Orientierungswerte für die Bindemittelmenge in Abhängigkeit der Bindemittelart sind für das Verfahren der Bodenverbesserung in Tafel 3.12 enthalten. Die tatsächlich erforderliche Bindemittelmenge ist in Abhängigkeit der projektspezifischen Randbedingungen anhand von Eignungsuntersuchungen festzulegen. Die Prozentangaben (M.-%) beziehen sich auf die Trockenmasse des Bodens.

3.4.2 Qualifizierte Bodenverbesserung

Qualifizierte Bodenverbesserungen können ebenfalls bei Erdarbeiten aller Art zur Herstellung von Erdbauwerken für die Gründung von Straßen, Eisenbahnstrecken, Gebäuden und Ingenieurbauwerken eingesetzt werden. Durch die Zugabe von Bindemittel werden Druckfestigkeit, Tragfähigkeit, Scherfestigkeit und Erosionswiderstand erhöht sowie Verformungen unter Belastung und die Frostempfindlichkeit verringert. Böden der Frostempfindlichkeitsklasse F3 können gemäß ZTVE-StB nach einer qualifizierten Bodenverbesserung in die Frostempfindlichkeitsklasse F2 eingestuft werden.

Bei Anwendung der qualifizierten Bodenverbesserung sind die in der ZTV E-StB festgelegten Mindestanforderungen an die Bindemittelzugabe und Druckfestigkeit des Boden-Bindemittel-Gemisches zu beachten.

Bei Anwendung des Verfahrens der qualifizierten Bodenverbesserung beträgt die Mindestbindemittelzugabe 3 M.-%. Die Anforderungen an die einaxiale Druckfestigkeit des Boden-Bindemittel-Gemisches betragen $q_u \geq 0,5$ MPa nach 28 Tagen Feuchtlagerung. Nach 24 h Wasserlagerung darf der Festigkeitsabfall nicht mehr als 50 %, bezogen auf den jeweiligen Wert vor der Wasserlagerung, betragen.

Das Verfahren der qualifizierten Bodenverbesserung ermöglicht über die Wahl der Bindemittelart und der Bindemittelmenge die Konditionierung des Boden-Bindemittel-Gemischs entsprechend den erdstatischen Randbedingungen der Bauaufgabe.

Orientierungswerte für die Bindemittelmenge in Abhängigkeit der Bindemittelart für das Verfahren der qualifizierten Bodenverbesserung sind in Tafel 3.13 enthalten. Die tatsächlich erforderliche Bindemittelmenge ist in Abhängigkeit der projektspezifischen Randbedingungen anhand von Eignungsuntersuchungen zu ermitteln. Prozentangaben (M.-%) beziehen sich auf die Trockenmasse des Bodens.

Tafel 3.13: Bindemittelmengen für eine qualifizierte Bodenverbesserung

Bodengruppe	Bindemittelart / Bindemittelmenge [M.-%]				
	Baukalk DIN EN 4571	Kalkhydrat DIN EN 459-1	Zement DIN 197-1	Tragschicht-binder DIN EN 13281-1	Misch-bindemittel
grobkörnige Böden	–	–	3 – 6	3 – 6	3 – 6
fein- und gemischt-körnige Böden	3 – 9	3 – 9	3 – 6	3 – 6	3 – 6

Ein mit dem Verfahren der qualifizierten Bodenverbesserung hergestellter Damm eignet sich beispielsweise für die Gründung eines hochliegenden Widerlagers einer Brücke.

Die qualifizierte Verbesserung von unmittelbar unterhalb des Oberbaues von Straßen anstehenden frostempfindlichen Böden der Kategorie F3 ermöglicht entsprechend den Regelungen der RStO die Einstufung in die Kategorie F2 und damit eine deutliche Reduzierung der Dicke des Oberbaues gegenüber der Bauweise ohne Bodenbehandlung (s. Tafel 3.14).

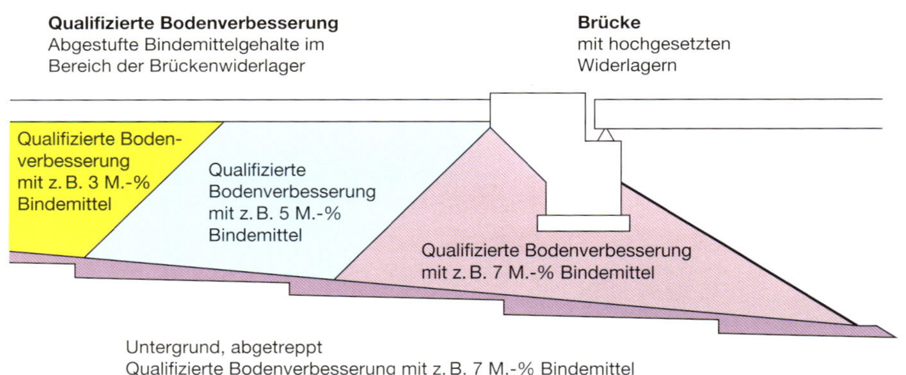

Bild 3.1: Brückengründung mit qualifizierter Bodenverbesserung

Tafel 3.14: Ausgangswerte für die Bestimmung der Dicke des frostsicheren Straßenaufbaues (Tabelle 6, RStO 12)

Frostempfindlichkeits-klasse	Dicke [cm] bei Belastungsklasse		
	Bk100 bis Bk10	Bk3,2 bis Bk1,0	Bk0,3
F2	55	50	40
F3	65	60	50

3.4.3 Bodenverfestigung

Bodenverfestigungen beschränken sich auf die obere Zone des Untergrundes oder Unterbaues von Straßen, Eisenbahnstrecken, Verkehrsflächen aller Art und Erdbauwerken. Mit dem Verfahren der Bodenverfestigung wird die Widerstandsfähigkeit des Bodens gegen Beanspruchungen aus Klima und Verkehr durch die Zugabe von Bindemitteln so erhöht, dass das Boden-Bindemittel-Gemisch dauerhaft trag- und frostbeständig wird.

Bei Anwendung des Verfahrens der Bodenverfestigung sind die in der ZTV E-StB definierten Anforderungen an die Längenbeständigkeit und die Druckfestigkeit des Boden-Bindemittel-Gemisches in Abhängigkeit der Bodenart zu beachten. Diese Kriterien dienen bei Verwendung von hydraulischen Bindemitteln der Festlegung der Bindemittelmenge im Rahmen der Durchführung von Erstprüfungen und sind in der Tafel 3.15 zusammengestellt.

Orientierungswerte für die Bindemittelmenge in Abhängigkeit der Bindemittelart sind für das Verfahren der Bodenverfestigung in Tafel 3.16 enthalten. Gemäß ZTV E-StB beträgt die Mindestbindemittelmenge bei Verwendung von Baukalk und Kalkhydrat 4 M.-%. Die tatsächlich erforderliche Bindemittelmenge ist in Abhängigkeit der Bodenart und den vorgenannten Anforderungen an die die zulässige Längenänderung sowie die Druckfestigkeit anhand von Eignungsuntersuchungen zu ermitteln. Die nachstehenden Prozentangaben (M.-%) beziehen sich auf die Trockenmasse des Bodens.

Tafel 3.15: Anforderungen an Bodenverfestigungen (ZTV Beton-StB/ ZTV E-StB)

Bodengruppe	Hebung der Probe	Druckfestigkeit	geregelt in
GW, GI, GE, SW, SI, SE, SU, ST, GU, GT	–	7,0 MPa im Alter von 28 Tagen (unter Asphaltbefestigungen) ≥ 15,0 MPa im Alter von 28 Tagen (unter Fahrbahndecken aus Beton)	ZTV Beton-StB
SU, ST, GU, GT	Δl/l ≤ 1‰	4,0 MPa im Alter von 28 Tagen	ZTV E-StB
SU*, ST*, GU*, GT*, UL, UM, TL, TM, TA	Δl/l ≤ 1‰	–	ZTV E-StB
Böden und Baustoffe nach den TL BuB E-StB	Δl/l ≤ 1‰	4,0 MPa im Alter von 28 Tagen	ZTV E-StB

Tafel 3.16: Erforderliche Bindemittelmengen für Bodenverfestigungen

Bodengruppe	Bindemittelart / Bindemittelmenge [M.-%]				
	Baukalk DIN EN 459-1	Kalkhydrat DIN EN 459-1	Zement DIN 197-1	Tragschichtbinder DIN EN 13281-1	Mischbindemittel
grobkörnige Böden	–	–	4 – 10	4 – 15	4 – 10
fein- und gemischtkörnige Böden	4 – 12	4 – 12	4 – 12	4 – 15	4 – 12

3.4.4 Verfahren

Es wird generell zwischen zwei Verfahren unterschieden, mit denen ein Boden-Bindemittel-Gemisch hergestellt werden kann:

- Zentralmischverfahren (Mixed-in-Plant)
- Baumischverfahren (Mixed-in-Place)

Zentralmischverfahren (Mixed-in-Plant)
Der Boden wird mit dem Bindemittel und dem erforderlichen Wasser in einer zentralen Mischanlage gemischt. Dabei können sowohl Chargen- als auch Durchlaufmischer verwendet werden. Mobile Mischanlagen eignen sich bei der Herstellung von Boden-Bindemittel-Gemischen mit hohen Bindemittelgehalten und besonderen Anforderungen an die Homogenität und Reproduzierbarkeit (z. B. Flüssigboden, Deponieabdichtung).

Es muss so lange gemischt werden, bis das Bindemittel gleichmäßig mit dem Boden vermischt ist (erkennbar an einem einheitlichen Farbton des Boden-Bindemittel-Gemisches).

Das fertige Boden-Bindemittel-Gemisch ist zur Vermeidung von Austrocknung möglichst abgedeckt und zügig zur Einbaustelle zu transportieren und dort entsprechend den erdbautechnischen Anforderungen an die Verdichtung, Schichtdicke und Ebenheit einzubauen.

Das geeignete Verfahren ist in Abhängigkeit der projektspezifischen technischen und wirtschaftlichen Randbedingungen festzulegen.

Das Zentralmischverfahren eignet sich vorrangig für die Vorbereitung und Herstellung von Boden-Bindemittelgemischen im begrenzten Umfang bei gleichzeitig hohen Anforderungen an eine gleichmäßige Qualität. Das Baumischverfahren eignet sich vor allem für die Herstellung von Boden-Bindemittelgemischen in großen Flächen bei Verwendung der natürlich anstehenden Böden.

Baumischverfahren (Mixed-in-Place)
Das Mixed-in-Place Verfahren ist das gängige Bauverfahren bei der Bodenbehandlung mit Bindemitteln. Bei ausreichenden Platzverhältnissen innerhalb des Baufeldes sollte die lagenweise Herstellung sukzessive am Einbauort bevorzugt werden. Im Fall von eingeschränkten Platzverhältnissen (Hinterfüllbereich, Rohrgraben, etc.) ist eine Herstellung des Boden-Bindemittel-Gemisches auch außerhalb des Einbauortes möglich. Der zusätzliche Zeitaufwand für Verladung, Transport und Abladung am Einbauort ist bei der Verarbeitung zu beachten.

Bei diesem Verfahren wird der zu behandelnde Boden lagenweise mit einer gleichmäßigen Schichtstärke auf dem Baufeld verteilt. Anschließend wird das Bindemittel auf der Oberfläche gleichmäßig ausgestreut. Das Einmischen des Bindemittels in den Boden erfolgt durch eine selbstfahrende Bodenfräse oder eine Anbaufräse, die von einem Traktor gezogen und gesteuert wird. Die Dicke der Bodenschicht ist an die maschinenspezifische Frästiefe anzupassen. Diese beträgt in der Regel 30 bis 40 cm. Je nach Gerät ist gegebenenfalls zur Verdichtung erforderliches Wasser durch einen gesonderten Arbeits-

Foto: Hotz

Bild 3.2: Bodenbehandlung mit Anbaufräse

Foto: Hotz

Bild 3.3: Selbstfahrende Bodenfräse

gang anhand eines Wasserstreuers oder während des Fräsvorganges in den Boden zuzugeben.

Für eine homogene Durchmischung des Bodens mit Bindemittel und Bindemittelmengen von bis zu rd. 20 kg/m^2 reichen in der Regel ein bis zwei Arbeits- bzw. Fräsgänge aus. Die Verarbeitung von Bindemittelmengen je Lage von > 20 kg/m^2 erfordert zusätzliche Arbeitsgänge.

Im Anschluss an die Mischvorgänge sollte das Boden-Bindemittel-Gemisch einen einheitlichen Farbton sowie eine Krümelstruktur aufweisen. 80 % der Bodenklumpen eines fein- und gemischtkörnigen Bodens sollten kleiner als 8 mm sein. Die Bodenklumpen müssen auch im Inneren durchfeuchtet sein. Das eingemischte Bindemittel darf augenscheinlich nicht mehr erkennbar sein.

Die genaue Abfolge der einzelnen Arbeitsschritte zur Herstellung des Boden-Bindemittel-Gemisches ist in Abhängigkeit der örtlichen Verhältnisse und der zur Verfügung stehenden Arbeitsgeräte im Vorfeld der eigentlichen Bauausführung anhand eines Probefeldes zur Festlegung des Arbeitsverfahrens zu ermitteln.

3.4.5 Verarbeitungszeit

Bei der Verarbeitung von Boden-Bindemittel-Gemischen sind aufgrund der Eigenschaften der Bindemittel bestimmte Verarbeitungszeiten, d. h. zeitlich begrenzte Zeitabschnitte zwischen dem Aufstreuen des Bindemittels bis zum Abschluss der Verdichtung einzuhalten. Die Verarbeitungszeiten sind jeweils abhängig vom gewählten Bindemittel und in Tafel 3.17 angegeben.

Eine Überschreitung der Verarbeitungszeiten führt bei Zement, Tragschichtbindern und Mischbindemitteln zu einer Verringerung der Festigkeit. Die Qualität des Boden-Bindemittel-Gemisches kann hierdurch gegenüber den Anforderungen eingeschränkt werden.

Durch die Verlängerung der Verarbeitungszeiten bei der Verwendung von Baukalk und Kalkhydrat wird die Festigkeit nur geringfügig reduziert.

Tafel 3.17: Verarbeitungszeiten nach Bindemittelarten und Umgebungstemperaturen

Bindemittel	Temperatur	Verarbeitungszeit	Bemerkung / Hinweis
Baukalk, Kalkhydrat DIN EN 459-1	≤ 20 °C	> 6,0 h	beginnend mit dem Aufstreuen des Bindemittels bis zum Abschluss der Verdichtungsarbeiten
	> 20 °C	> 6,0 h	
Zement DIN EN 197-1, Tragschichtbinder DIN EN 13282-1, hydrophobierter Zement	≤ 20 °C	2,0 h	beginnend mit dem Einmischen des Bindemittels bis zum Abschluss der Verdichtungsarbeiten
	> 20 °C	1,5 h	
Zement DIN EN 197-1, Tragschichtbinder DIN EN 13282-1	≤ 20 °C	2,0 h	beginnend mit dem Aufstreuen des Bindemittels bis zum Abschluss der Verdichtungsarbeiten
	> 20 °C	1,5 h	
Mischbindemittel	≤ 20 °C	4,0 h	beginnend mit dem Aufstreuen des Bindemittels bis zum Abschluss der Verdichtungsarbeiten
	> 20 °C	3,0 h	

3.4.6 Wasser

Je nach Bodenart, Sättigungsgrad (Wassergehalt), Bindemittel und Art der Bodenbehandlung (Bodenverbesserung, qualifizierte Bodenverbesserung, Bodenverfestigung) kann die Zugabe von zusätzlichem Wasser erforderlich werden. Ausnahmen hiervon bilden beispielsweise Maßnahmen zur Verbesserung der Verarbeitungs- und Verdichtungsfähigkeit von zu nassen Böden durch die Behandlung mit Baukalk. Der Wasserbedarf ist im Zuge der Eignungsuntersuchungen im Vorfeld der Bauausführung zu ermitteln.

Bei der Herstellung von Boden-Bindemittel-Gemischen gelten die gleichen Beziehungen zwischen Wassergehalt, Proctordichte und Verdichtungsenergie wie bei der Verarbeitung von Böden ohne Bindemittel. Der Wassergehalt von Boden-Bindemittel-Gemischen während der Verdichtung sollte in der Regel in Höhe des optimalen Wassergehaltes mit einer Toleranz von ± 2 M.-% liegen. In diesem Zusammenhang ist sicherzustellen, dass das Boden-Bindemittel-Gemisch, insbesondere bei der Verwendung von Zement, zementhaltigen Bindemitteln und Tragschichtbindern, ausreichend Wasser für die Erhärtung enthält. Die Erhärtung des Zementsteins stagniert irreversibel bei einem zu geringen Wasserangebot im Porenraum. Der Wasseranspruch von Zement beträgt ca. 40 M.-% des Eigengewichts und ist entsprechend bei der Berechnung des Wasserbedarfes des Boden-Bindemittel-Gemisches zu berücksichtigen. Für die Berechnung des Wasseranspruches w_{erf} gilt die folgende Beziehung:

$$w_{erf} = w_{opt} - w + w/z \cdot z \text{ [M.-\%]}$$

hierbei sind:

w_{opt} optimaler Wassergehalt [M.-%] gemäß Ergebnis aus Proctorversuchen nach DIN 18127

w natürlicher Wassergehalt [M.-%] des Ausgangsbodens

w/z Wasserzementwert bzw. Wasserbindemittelwert

z Bindemittelzugabe [M.-%] gemäß Eignungsuntersuchung

Ein Beispiel für die Ermittlung des Wasserbedarfs bei der Herstellung von Boden-Bindemittel-Gemischen auf der Grundlage der Ergebnisse der Eignungsuntersuchung in Abhängigkeit der Bindemittelzugabe und der Lagenstärke ist in Tafel 3.18 dargestellt.

Im Normalfall sollte Trinkwasser verwendet werden. Bei Verwendung von natürlichen lokalen Wasserangeboten (Grundwasser, Oberflächenwasser) sollte das Wasser gemäß DIN 4030 oder DIN EN 1008 auf schädliche Bestandteile, wie z. B. Sulfat, untersucht werden, sodass das Bindemittel gegebenenfalls an den Chemismus des Wassers angepasst werden kann.

3.4.7 Verdichtung, Nachbehandlung und Witterung

Die Anforderungen an die Verdichtung und die Tragfähigkeit von Boden-Bindemittel-Gemischen für unbehandelte Böden sind in den ZTV E-StB für den Straßenbau und die DB-Ril 836 für den Eisenbahnbau geregelt.

Tafel 3.18: Beispiel für Bestimmung des Wasserbedarfs nach Bindemittelzugabe

Bindemittel: Mischbindemittel (70 M.-% Zement, 30 M.-% Kalk)
Boden: Hangschutt, Bodengruppe GU/GU*, DIN 18196
Eignungsuntersuchung: siehe Laborbericht

Ermittlung Bindemittelmenge und Wasserbedarf bei Verarbeitung von Boden-Bindemittelgemischen
Arbeitsvorbereitung, Herstellung, Probefeld

Ausgangswerte	Bauteil	Damm bindemittelstabilisiert			Bemerkung
Bindemittel:					
Zugabemenge z	[M.-%]	3,0	4,5	6,0	gemäß Eignungsuntersuchung
	[kg/m³]	50,9	76,0	99,8	$z = (\rho_{pr} \times 1\,000 \times z / (100 + z)$ [kg/m³]
	[kg/m³]	15,3	22,8	30,0	bezogen auf Lagenstärke d = 0,3 m
w/z-Wert	[–]	0,4	0,4	0,4	w/z = 0,4 – 0,5
Boden:					
nat. Wassergehalt w	[M.-%]	15,4	15,4	15,4	Wassergehalt Schüttmaterial Probefeld, Entnahme am 02.06.2018
Boden-Bindemittelgemisch:					
Protectordichte ρ_{pr}	[t/m³]	1,748	1,764	1,764	
opt. Wassergehalt w_{opt}	[M.-%]	16,74	16,90	16,74	
Δw	[M.-%]	0,0	0,0	0,0	Wasserzugabe zum Ausgleich von natürlichen Schwankungen des Wassergehaltes des Bodens und herstellungsbedingter Verluste
Ermittlung Wasseranspruch BBG:					
erf. Wasserzugabe w_{erf}	[l/m³]	43,8	56,8	63,6	$w_{erf} = (w_{opt} - w + \Delta w) / 100 \times \rho_{pr} \times 1\,000) + w/z \times z$ [kg/m³]
Lagenstärke d	[m]	0,3	0,3	0,3	Lagenstärke Probefeld
erf. Wasserzugabe w_{erf}	[l/m²]	13,1	17,1	19,1	$w_{erf} = (w_{opt} - w + \Delta w) / 100 \times \rho_{pr} \times 1\,000) + w/z \times z \times d$ [kg/m²]

Bei der Verdichtung grobkörniger Boden-Bindemittel-Gemische empfiehlt sich die Verwendung von Walzen mit Glattmantelbandage. Für die abschließende Bearbeitung der Oberfläche eignen sich Gummiradwalzen, wie sie beim Einbau von Asphalt zum Einsatz kommen. Für die Verdichtung gemischt- und feinkörniger Boden-Bindemittel-Gemische ist die Verwendung von Walzen mit Stampffußbandage erforderlich. Die Anzahl der erforderlichen Verdichtungsüberfahrten ist abhängig von der Bodenart, dem Walzengewicht und der damit verbundenen statischen und dynamischen Verdichtungsenergie. Es empfiehlt sich, jeweils die genaue Arbeitsweise zur Erzielung einer anforderungsgerechten Verdichtung im Vorfeld der Bauausführung anhand eines Probefeldes zu ermitteln.

In der Regel wird der Standardproctorversuch nach DIN 18127 als geeigneter Versuch zur Ermittlung der erforderlichen Bezugsdichte verwendet. Die Ergebnisse dieses Versuches zeigen gute Übereinstimmung mit den Ergebnissen der Verdichtung auf der Baustelle bei Einsatz von Walzen mit bis zu 20 t Betriebsgewicht. Bei Verwendung von Walzen mit einem höheren Betriebsgewicht liegt der erreichte Verdichtungsgrad weit über 100 %. In diesem Fall ist die Ermittlung der Bezugsdichten mit dem modifizierten Proctorversuch nach DIN 18127 sinnvoll.

Planum
Bei einer qualifizierten Bodenverbesserung des Planums von Straßen kann entsprechend ZTV E-StB die Querneigung von 4 % auf 2,5 % reduziert werden. Hierdurch können die zur Herstellung des Oberbaues benötigten Massen reduziert werden.

Nachbehandlung
Bodenbehandlungen mit hydraulischen Bindemitteln sind mindestens 3 Tage lang ständig feucht zu halten. Dies kann beispielsweise durch das Versprühen von Wasser erfolgen oder durch die Abdeckung mit einem feuchtgehaltenem Geotextil. Die Nachbehandlung kann entfallen, wenn auf die noch frische, verdichtete Schicht eine weitere Schicht aufgebracht wird.

Eine nicht sachgemäß durchgeführte Nachbehandlung führt bei der Austrocknung von Boden-Bindemittel-Gemischen zur Bildung eines Netzes von rautenförmigen bzw. netzartigen Schwindrissen. Diese entwickeln sich von der Oberfläche nach unten. Eine nachträgliche Sanierung dieser Schäden ist nicht möglich, sodass die betroffene Einbaulage ausgetauscht werden muss.

Witterung – Temperatur
Bei Boden- und Lufttemperaturen unter + 5 °C sollten möglichst keine Bodenbehandlungen mit Bindemitteln ausgeführt werden. Sind Bodenbehandlungen bei Temperaturen unter + 5 °C unvermeidlich, sind besondere Maßnahmen (Verwendung von warmem Wasser, Aufbereitung Boden-Bindemittel-Gemisch außerhalb des Baufeldes unter eingehausten Bedingungen) erforderlich. Diese sind in der Leistungsbeschreibung entsprechend zu definieren. In diesem Zusammenhang muss berücksichtigt werden, dass die Temperatur des eingebauten Boden-Bindemittel-Gemisches möglichst lange – mindestens in den ersten drei Tagen – nicht unter + 5 °C absinken sollte. Als Schutz eignet sich eine Überdeckung mit unbehandelten Böden mit einer Mächtigkeit von mindestens 30 cm.

Gefrorene Böden sind für eine Bodenbehandlung ungeeignet. Während der Dauer des Frostes sind die Arbeiten zu unterbrechen.

Bei Lufttemperaturen von über 25 °C oder intensiver Sonneneinstrahlung ist der Wassergehalt so einzustellen, dass für das Verdichten und die Erhärtung des Boden-Bindemittel-Gemisches ausreichend Wasser zur Verfügung steht.

Witterung – Niederschlag

Während der Durchführung der Erdbaumaßnahmen ist durch eine entsprechende Profilierung (Quer- und/oder Längsneigung) der einzelnen Arbeitsabschnitte sicherzustellen, dass Oberflächenwasser, d. h. Niederschlagswasser hindernisfrei und schadlos abfließen kann. Das Auftreten von Staunässe oder von stehenden Wasseransammlungen, die zur Sättigung beitragen, ist durch konstruktive Maßnahmen sowie eine Anpassung der Arbeitsprozesse zu vermeiden.

Erdarbeiten werden im Allgemeinen durch Niederschläge beeinträchtigt. Je nach Intensität der Niederschläge und der verwendeten Bodenart empfiehlt sich eine frühzeitige Einstellung der Arbeiten aus technischen Gründen sowie aus Gründen des Arbeitsschutzes. Dies gilt sowohl für Erdarbeiten ohne Bindemittel als auch für Bodenbehandlungen mit Bindemittel. Werden die Arbeiten zur Bodenbehandlung mit Bindemitteln während einer Periode mit Niederschlägen geringer Intensität fortgesetzt, ist sicherzustellen, dass die Reaktivität der Bindemittel durch den Kontakt mit Wasser und die Verdichtungsfähigkeit des Bodens durch ein Wasserüberangebot (Sättigung) nicht nachteilig beeinflusst werden. Beispielsweise können hydrophobierte Zemente oder Tragschichtbinder verwendet werden, da diese erst mit Beginn des Einmischens in den Boden durch den Fräsprozess mit dem Wasser reagieren. Eine weitere Möglichkeit besteht in der Verringerung der Größe der Arbeitsabschnitte, sodass Arbeitsprozesse kleinräumig mit Beginn des Ausstreuens des Bindemittels bis zum Abschluss der Verdichtung beschleunigt werden können.

Die Oberfläche fertiggestellter Lagen ist, insbesondere bei Verwendung fein- und gemischtkörniger Böden, unmittelbar nach Abschluss der Verdichtung durch den Einsatz einer Walze mit Glattmantelbandage zu versiegeln, sodass ein Eindringen von Niederschlagswasser erschwert wird.

Witterung – Wind

Zur Reduzierung von Bindemittelverwehungen während des Produktionsprozesses von Boden-Bindemittel-Gemischen eignet sich der Einsatz entsprechend moderner Streugeräte und Bodenfräsen, die eine staubarme Verarbeitung gewährleisten.

Bei starkem Wind ist das Aufstreuen des Bindemittels jedoch dann einzustellen, wenn deutliche Mengen des Bindemittels verweht werden, sodass, abgesehen von wirtschaftlichen Überlegungen, eine unzumutbare Belastung der Umwelt und eine Gefährdung der Umgebung, beispielsweise von Verkehrsteilnehmern, vermieden wird.

Arbeitsschutz

Bei der Durchführung von Bodenbehandlungen mit Bindemitteln sind die auf Baustellen üblichen Arbeitsschutzmaßnahmen zu beachten und umzusetzen. Darüber hinaus sind die Empfehlungen der Hersteller und produktspezifischen Sicherheitsdatenblätter zum Umgang mit Bindemitteln zu beachten.

3.5 Eignungsuntersuchung

3.5

Im Vorfeld der Bauausführung ist die Eignung der für die Bodenbehandlung mit Bindemitteln vorgesehenen Böden in Abhängigkeit des Bindemittels durch gesonderte Eignungsuntersuchungen im Labor zu ermitteln. Die Durchführung dieser Eignungsuntersuchungen ist in den Technischen Prüfvorschriften für Boden und Fels im Straßenbau der FGSV angegeben:

- TP BF-StB – Teil B 11.1,
  Eignungsprüfung bei Bodenverfestigungen mit Bindemitteln
- TP BF-StB – Teil B 11.3,
  Eignungsprüfung bei Bodenverbesserungen mit Bindemitteln

Üblicherweise erfordern diese Eignungsuntersuchungen einen Zeitbedarf von 6 bis 8 Wochen, sodass sie möglichst frühzeitig vor Beginn einer Baumaßnahme durchgeführt werden sollten.

Ziel der Untersuchungen ist die Ermittlung des erforderlichen Bindemittelgehaltes zur Erfüllung der erdbautechnischen Anforderungen.

Hauptbestandteil dieser Untersuchungen bilden, neben den üblichen Klassifikationsversuchen an unbehandeltem Boden (Wassergehalt, Korngrößenverteilung, Konsistenz, Kalkgehalt, Proctordichte, etc.) die Ermittlung der Bezugsdichten (Proctorversuch) des mit Bindemittel behandelten Bodens. Bei Anwendung der qualifizierten Bodenverbesserung ist die einaxiale Druckfestigkeit von Prüfkörpern mit unterschiedlichem Bindemittelgehalt im Anschluss an die Erhärtung zu untersuchen. Die Lagerung der Prüfkörper erfolgt hierbei unter Feuchtraumbedingungen (20 °C ± 2 K bei 90 % relativer Luftfeuchtigkeit) im Normalfall über die Dauer von 7 bzw. 28 Tagen. Ein Teil der Prüfkörper wird am Ende der

Tafel 3.19: Einfluss der Bindemittelzugabe auf die einaxiale Druckfestigkeit

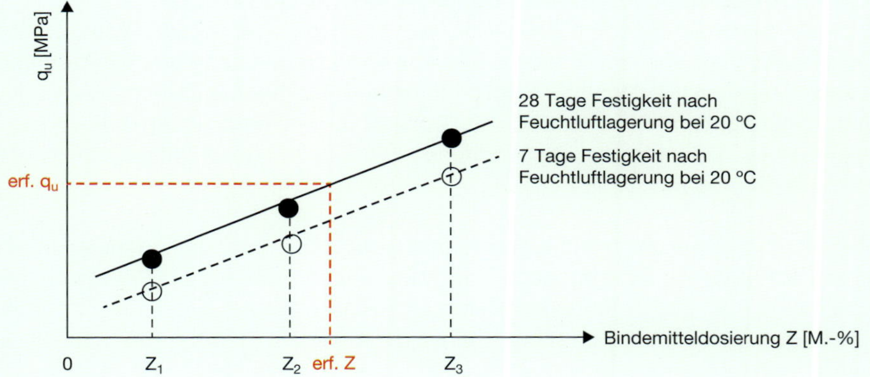

28-tägigen Lagerung 24 Stunden unter Wasser gelagert. Im Anschluss an die Lagerung erfolgt die Bestimmung der einaxialen Druckfestigkeit der Prüfkörper des Boden-Bindemittel-Gemisches nach DIN 18136. Alternativ können anstelle der einaxialen Druckversuche auch CBR-Versuche nach DIN EN 13286-47 durchgeführt werden.

Über die grafische Auswertung der Versuchsergebnisse wird die erforderliche Bindemittelmenge in Masseprozent, bezogen auf die Trockendichte, bestimmt.

Die Berechnung der Bindemittelmenge in kg/m^3 erfolgt mit der folgenden Formel:

$$Z = (\rho_{pr} \times z/100 \times 1\,000) / (1 + z/100) \; [kg/m^3]$$

Hierbei sind:

Z Bindemittelmenge [kg/m^3]

z erforderliche Bindemittelmenge [M.-%] bezogen auf 100 M.-% des trockenen Bodens ohne Bindemittel

ρ_{pr} Proctordichte [g/cm^3] des Boden-Bindemittel-Gemisches

Sofern die Ausstreumenge Z_a in kg/m^2 benötigt wird, ist Z mit der Dicke der zu behandelnden Schicht in Metern zu multiplizieren.

Sofern an das Boden-Bindemittel-Gemisch keine Anforderungen an die Festigkeit gestellt werden, können die Untersuchungen zur Bestimmung der Druckfestigkeit entfallen. Je nach Aufgabenstellung können weitere Prüfungen zur Bestimmung von Raumbeständigkeit, Verformungsverhalten, Quellverhalten, Scherfestigkeit, umweltrelevanten Inhaltsstoffen oder zum Frostwiderstand erforderlich werden. Insbesondere für Bodenverfestigungen sind gesonderte Frostprüfungen nach TP BF-StB, Teil B 11.1 zur Ermittlung des Verformungsverhaltens (Längenänderung) der Prüfkörper des Boden-Bindemittel-Gemisches nach 12 Frost-Tau-Wechseln durchzuführen.

3.6 3.6 Qualitätskontrolle während der Bauausführung

Die Qualitätskontrolle von lagenweise in Erdbauwerke eingebauten Böden sowie Boden-Bindemittel-Gemischen erfolgt baubegleitend anhand von Eigenüberwachungsprüfungen durch den Auftragnehmer und parallel dazu anhand von Kontrollprüfungen durch den Auftraggeber. Die Eigenüberwachungsprüfungen und die Kontrollprüfungen dienen dem Nachweis der erzielten Qualität.

Die Durchführung der Kontrollprüfungen kann sowohl durch den Auftragnehmer als auch durch den Auftraggeber erfolgen. Auch eine Weiterbeauftragung dieser Prüfleistungen an entsprechend qualifizierte externe Prüfstellen ist zulässig. Hierbei sind für Baumaßnahmen im Bereich des öffentlichen Straßenbaues die Anforderungen der RAP-Stra an die Prüfstellen zu beachten.

3.6.1 Verfahren und Umfang von Prüfungen

Die durchzuführenden Prüfungen sind in der ZTV E-StB, im FGSV-Merkblatt für die Verdichtung des Untergrundes und Unterbaues im Straßenbau sowie in DIN EN 16907-5 festgelegt. Die Prüfverfahren werden in den zutreffenden Technischen Prüfvorschriften (TP) detailliert beschrieben. Für den Bau von Erdbauwerken der Bahn gilt die DB-Ril 836.

Für die Prüfung von Verdichtungskennwerten werden in den ZTV E-StB die folgenden drei Prüfmethoden unterschieden. Diese Methoden können in Abhängigkeit der jeweiligen Randbedingungen angewendet werden. In der Leistungsbeschreibung sind die für die Qualitätsüberwachung vorgesehenen Prüfmethoden und die Prüfhäufigkeit anzugeben.

Methode M 1: Vorgehen gemäß statistischem Prüfplan
Die Vorgehensweise richtet sich nach dem Teil E 1 der TP BF-StB.

Bei der Methode M 1 wird die statistische Verteilung des betrachteten Prüfmerkmals innerhalb eines Prüfloses auf Stichprobenbasis ermittelt. Auf Grundlage des Stichprobenergebnisses wird die Entscheidung getroffen, ob das Prüflos anzunehmen oder zurückzuweisen ist (siehe auch „Merkblatt für die Verdichtung des Untergrundes und des Unterbaues im Straßenbau"). Die Methode M 1 ist bei allen Bodenarten anwendbar.

Die Anwendung der Methode M 1 empfiehlt sich insbesondere in folgenden Fällen:

- bei großen Prüflosen
- bei Prüflosen, bei denen die Gleichmäßigkeit der Verdichtung beurteilt werden sollen und
- bei Prüflosen, auf denen Prüfverfahren mit geringem Zeitbedarf angewendet werden sollen und deren Ergebnisse unmittelbar zur Verfügung stehen müssen.

Dies bedeutet, dass im Vorfeld der Prüfungen die zu ermittelnden Prüfmerkmale anhand einer Kalibrierung von direkten und indirekten Prüfverfahren unter Berücksichtigung der entsprechenden Anforderungen vorzunehmen sind.

Die Durchführung der Methode M 1 ist jedoch im Gegensatz zu den Angaben der ZTV E-StB erfahrungsgemäß sehr zeitaufwendig und für den Ausführenden mit Risiken behaftet. Im Falle der Zurückweisung ist die gesamte Fläche des Prüfloses abzulehnen, d. h. die komplette Fläche ist nachzubearbeiten und die Prüfungen sind vollständig zu wiederholen.

Bei Bodenbehandlungen mit Zementen und Mischbindemitteln aus Zement und Kalk ist das Erhärtungsverhalten des Boden-Bindemittel-Gemisches zu beachten. Eine Zurückweisung der gesamten Fläche des Prüfloses kann dazu führen, dass durch eine bereits eingetretene Erhärtung des Boden-Bindemittel-Gemisches eine komplette Erneuerung der eingebauten Lage zur Erfüllung der Anforderungen an die Verdichtung erforderlich werden kann. Als Prüfmethode zur Prüfung der Qualität von Boden-Bindemittel-Gemischen sollte die Methode M 1 nicht angewendet werden.

Methode M 2: Vorgehen bei Anwendung flächendeckender dynamischer Messverfahren
Die Vorgehensweise richtet sich nach Teil E 2 der TP BF-StB.

Bei der Methode M 2 wird mithilfe eines an der Walze installierten Messgerätes aus der Wechselwirkung zwischen Walze und Boden flächendeckend ein dynamischer Messwert ermittelt, der mit der Steifigkeit des Bodens infolge Verdichtung korreliert. Die Korrelation zwischen dynamischer Bodensteifigkeit und Verdichtung des Bodens ist im Vorfeld der flächendeckenden Prüfung anhand von Probefeldern zu ermitteln.

Bei dieser Methode wird also mittels einer „Vollprüfung" einer verdichteten Schicht mit einem indirekten Prüfverfahren (dynamischer Messwert) die Entscheidung getroffen, ob die Prüffläche (Prüflos) angenommen oder zurückgewiesen wird.

Weitere Hinweise sind im „Merkblatt über flächendeckende dynamische Verfahren zur Prüfung der Verdichtung im Erdbau" (M FDVK E) und im „Merkblatt für die Verdichtung des Untergrundes und des Unterbaues im Straßenbau" und der DIN CEN/TS 17006 enthalten.

Die Anwendung flächendeckender dynamischer Messverfahren im Rahmen der Methode M 2 setzt eine Kalibrierung der dynamischen Messwerte mit Verdichtungs- oder Tragfähigkeitskennwerten voraus. In Abhängigkeit dieser Kennwerte, wie z. B. der Trockendichte ρ_d bzw. des Verdichtungsgrads D_{pr} oder des Verformungsmoduls E_{v2}, sind die Zuordnungs- und Grenzwerte der maschinengebundenen dynamischen Kennwerte, wie z. B. des dynamischen E-Moduls E_{vib} zu ermitteln, bei denen sichergestellt werden kann, dass die Anforderungen an die Verdichtung erfüllt werden. Grobkörnige Böden der Bodengruppen GE, GW, GI SE, SW, SI nach DIN 18196 eignen in der Regel gut für eine entsprechende Kalibrierung. Gemischt- und feinkörnige Böden der Bodengruppen GU, GU*, GT, GT*, SU, SU*, ST, ST*, UL, TL, TM, TA erfordern zu Beginn der Baumaßnahme meist einen deutlich höheren Messaufwand zur erfolgreichen Bestimmung dieser Zuordnungs- bzw. Grenzwerte.

Die Durchführung der flächendeckenden Verdichtungskontrolle erfordert den Einsatz einer messtechnisch ausgerüsteten Walze. Diese kann sowohl als reine Verdichtungswalze als auch als Messwalze eingesetzt werden. Derartige Systeme werden von allen bekannten Walzenherstellern auf dem Markt angeboten. In der Regel werden Walzen mit Glattmantelbandage verwendet. Walzen mit Schaffuß- oder Polygonalbandage eignen sich nicht als Messwalze. Das Merkblatt über flächendeckende dynamische Verfahren zur Prüfung der Verdichtung im Erdbau M FDVK E der FGSV empfiehlt die Verwendung einer leichten Walze mit 12 Tonnen Gesamtgewicht. In der Praxis werden auch Walzen mit bis zu 26 Tonnen Gesamtgewicht als Messwalze eingesetzt.

Die Anwendung der Methode M 2 empfiehlt sich insbesondere in folgenden Fällen:

- bei Baumaßnahmen mit großen Tagesleistungen und weitgehend gleichmäßig zusammengesetzten Bodenarten der Bodengruppen GW, GE, GI, SW, SE, SI
- bei Prüfflächen, bei denen die Gleichmäßigkeit der Verdichtung beurteilt werden soll

Als Verfahren für das Prüfen der Verdichtung von bindemittelstabilisierten Böden ist die Methode M 2 nur unter Berücksichtigung der o. g. Erläuterungen einsetzbar. Die technischen und wirtschaftlichen Randbedingungen sind in jedem Fall vor Beginn der Bauausführung zu prüfen.

Methode M 3: Vorgehen zur Überwachung des Arbeitsverfahrens
Die Vorgehensweise richtet sich nach Teil E 3 der TP BF-StB.

Bei der Methode M 3 wird zunächst mittels einer Probeverdichtung der Nachweis für die Eignung des eingesetzten Verdichtungsverfahrens erbracht. Auf der Grundlage der Ergebnisse der Probeverdichtung wird eine Arbeitsanweisung für die Durchführung der Verdichtung aufgestellt. Die Verdichtungsarbeiten am ausgeschriebenen Erdbauwerk werden gemäß dieser Arbeitsanweisung durchgeführt. Die Einhaltung der Arbeitsanweisung muss dokumentiert werden.

Die Methode M 3 eignet sich für alle Bodenarten und ist unabhängig von der Größe der Baumaßnahme einsetzbar.

Weitere Hinweise sind im „Merkblatt für die Verdichtung des Untergrundes und des Unterbaues im Straßenbau“ enthalten.

Bei der Durchführung von Bodenbehandlungen mit Bindemitteln ist das Arbeitsverfahren für die Herstellung, den Einbau und das Verdichten des Boden-Bindemittel-Gemisches anhand einer Probefeldes im Regelfall im Vorfeld der Bauausführung festzulegen. In der Arbeitsanweisung sind für das Arbeitsverfahren festzulegen:

1. die Geräte zum Ausstreuen und zum Einfräsen von Bindemittel und Anmachwasser und zur Verdichtung
2. die Arbeitsweise bei der Herstellung des Boden-Bindemittel-Gemisches (Zeitpunkt Wasserzugabe, Anzahl Mischvorgänge)
3. die Anzahl der erforderlichen Verdichtungsübergänge
4. die Bodenart und -gruppe
5. die maximale Dicke der unverdichteten Schüttlage
6. die für das Verdichten zulässigen Einbauwassergehalte
7. die erforderliche Bindemittelmittelzugabe
8. die ggf. erforderliche Zugabemenge an Wasser

Die Einhaltung des festgelegten Arbeitsverfahrens ist im Zuge der Durchführung der Eigenüberwachung durch den Auftragnehmer durch das Führen einer entsprechenden Dokumentation nachzuweisen.

Art, Umfang und Häufigkeit der Prüfungen bei Bodenbehandlungen sind in der ZTV E-StB festgelegt.

Tafel 3.20: Prüfungen bei Bodenbehandlungen nach ZTV E-StB

	Bodenverfestigung		qualifizierte Bodenverbesserung		Bodenverbesserung	
Parameter	Eigenüberwachungsprüfung	Kontrollprüfung	Eigenüberwachungsprüfung	Kontrollprüfung	Eigenüberwachungsprüfung	Kontrollprüfung
Bindemittel						
Übereinstimmung zwischen Lieferung und vereinbarter Bindemittelart und -sorte	jede Lieferung (Lieferschein)	stichprobenweise	jede Lieferung (Lieferschein)	stichprobenweise	jede Lieferung (Lieferschein)	stichprobenweise
Boden						
Korngrößenverteilung	je 250 m bzw. 3 000 m²		je 250 m bzw. 3 000 m²			
Zustandsgrößen	je nach Erfordernis	stichprobenweise	je nach Erfordernis	stichprobenweise		
organische Bestandteile	je 250 m bzw. 3 000 m²		je 250 m bzw. 3 000 m²			
Wassergehalt	je nach Erfordernis		je nach Erfordernis			
Proctordichte und zugehöriger Wassergehalt	–		–			
Zur Verfestigung vorgesehene Böden						
Verdichtungsgrad	[1]	stichprobenweise				
profilgerechte Lage	je 20 m dreimal je 250 m bzw. 3 000 m²					
Verfestigte Schicht						
Verdichtungsgrad	je 250 m bzw. 3 000 m²	je 250 m bzw. 3 000 m², mind. einmal am Tag	je 250 m bzw. 3 000 m²	je 250 m bzw. 3 000 m², mind. einmal am Tag		
Bindemittelmenge	je nach Erfordernis	je 1000 m	je nach Erfordernis	je 1 000 m		
profilgerechte Lage	je 20 m dreimal	je 50 m	je 20 m dreimal	je 50 m		
Ebenheit	je nach Erfordernis	je nach Erfordernis	je nach Erfordernis	je nach Erfordernis		
Schichtdicke						
Schichtdicke	je nach Erfordernis	je 1 000 m²				
Verformungsmodul auf dem Erdplanum						
Verformungsmodul E_{v2}						
Verformungsmodul E_{vd}	entsprechend Prüfmethode M 1 bzw. M 2		entsprechend Prüfmethode M 1 bzw. M 2		entsprechend Prüfmethode M 1 bzw. M 2	

[1] Der Prüfumfang ist abhängig von der gewählten Prüfmethode (Methode M 1, M 2 oder M 3)

3.6.2 Prüfverfahren zur Ermittlung von Verdichtungskenngrößen

Zur Durchführung von Qualitätsprüfungen im Rahmen der Eigen- und Fremdüberwachung stehen sowohl direkte als auch indirekte Prüfverfahren zur Verfügung. Diese sind in Tafel 3.21 zusammengestellt. Mit dem Einsatz von direkten Prüfverfahren wird die erzielte Dichte einer verdichteten Lage unmittelbar bestimmt. Die Anwendung von indirekten Verfahren erfordert im Vorfeld eine Kalibrierung zwischen dem indirekten Merkmal und dem Zielwert der Verdichtung.

Tafel 3.21: Prüfverfahren der Eigen- und Fremdüberwachung

Verfahren	Typ	Regelwerk	Kurz-zeichen	Bemerkung
Ausstechzylinder	direkt	DIN EN ISO 17892-2 / DIN EN 16907-5	A	Probenmenge 1,5 – 3 kg
Sandersatz			S	Probenmenge 6 – 12 kg
Ballon			B	Probenmenge 6 – 12 kg
Flüssigkeitsersatz			F	Probenmenge 6 – 20 kg
Gipsersatz			G	Probenmenge 6 – 12 kg
Schürfgruben			Sch	Probenmenge 700 – 2 000 kg
statischer Plattendruckversuch	indirekt	DIN 18134/ DIN EN 16907-5	LP	Gegengewicht > 15 t
dynamischer Plattendruckversuch		TP BF –StB Teil 8.3	dLP	Masse Fallgewicht 10 kg bis $E_{vd} \leq 70$ MPa, bei $E_{vd} > 70$ MPa Masse Fallgewicht 15 kg
flächendeckende dynamische Verdichtungskontrolle		TP BF-StB Teil E 2	FDVK	≥ 12 t Messwalze mit Glattmantelbandage
radiometrisch		TP BF-StB Teil B 4.3	–	Sondergenehmigung für Betrieb erforderlich, Umgang mit radioaktiven Stoffen beachten
geoelektrisch		–	–	–

Der Einsatz des jeweiligen Prüfverfahrens richtet sich nach der Bodenart und ist den jeweiligen örtlichen Verhältnissen anzupassen.

Tafel 3.22: Prüfverfahren in Abhängigkeit von der Bodenart

Bodenart		Verfahren	
		gut geeignet	ungeeignet
bindige- und gemischtkörnige Böden	ohne Grobkorn	Ausstechzylinderverfahren und andere direkte und indirekte Verfahren	keine
	mit Grobkorn	direkte und indirekte Verfahren	Ausstechzylinderverfahren
grobkörnige Böden	Fein- bis Mittelsand	Ausstechzylinderverfahren und andere direkte und indirekte Verfahren	keine
	Kies-Sand-Gemisch	direkte und indirekte Verfahren	Ausstechzylinderverfahren
	sandarmer Kies	Ballon-, Flüssigkeitsersatzverfahren mit Wasser, Gipsersatzverfahren, statischer und dynamischer Plattendruckversuch, FDVK nach DIN CEN/TS 17006	Ausstechzylinderverfahren, Sandersatzverfahren, Flüssigkeitsersatzverfahren mit Bentonitschlämme, radiometrische und geoelektrische Verfahren
Steine und Blöcke mit geringen Beimengungen		Schürfgrubenverfahren, statischer und dynamischer Lastplattendruckversuch	alle anderen Verfahren

Angaben zu den im Rahmen der Prüfverfahren einzusetzenden Geräten können den folgenden Abbildungen entnommen werden:

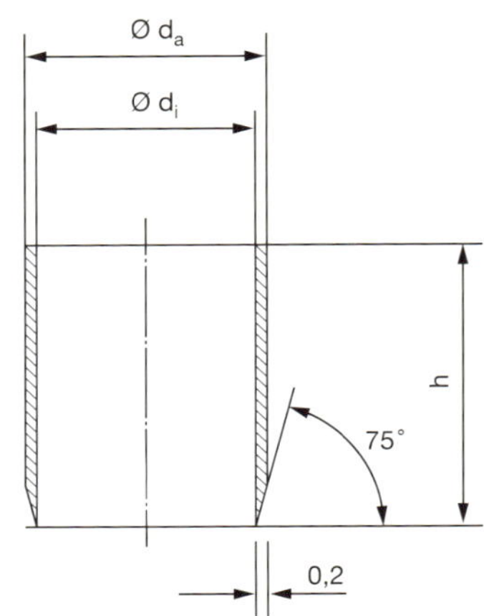

Grafik: DIN EN 16907-2

Foto: Hotz

Bild 3.4: Ausstechzylinder mit Verschlusskappen

Legende
1 Absperrhahn
2 Bodenringplatte
3 Zentrierstift
4 Stahlringplatte
a d_i bis 1,5 x d_i

Grafik: DIN EN 16907-5

Foto: Hotz

Bild 3.5: Sandersatzverfahren

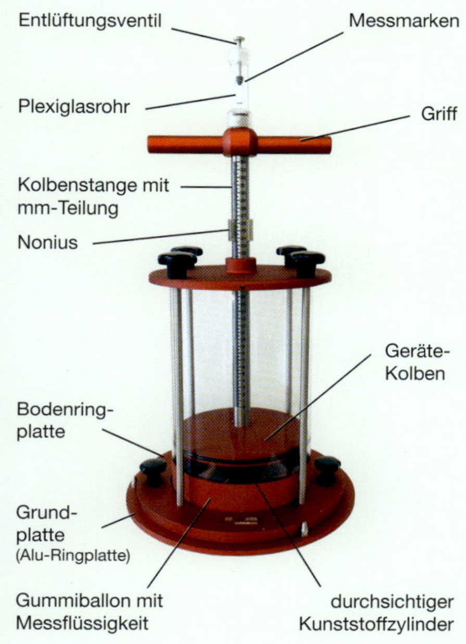

Foto: HMP Magdeburger Prüfgerätebau GmbH

Bild 3.6: Densitometer zum Ballonverfahren

Plattendruckversuch
DIN 18134-300

Feldnummer: LP 12
Bodenart: G, u. x.s. GU
Farbe: braun grau

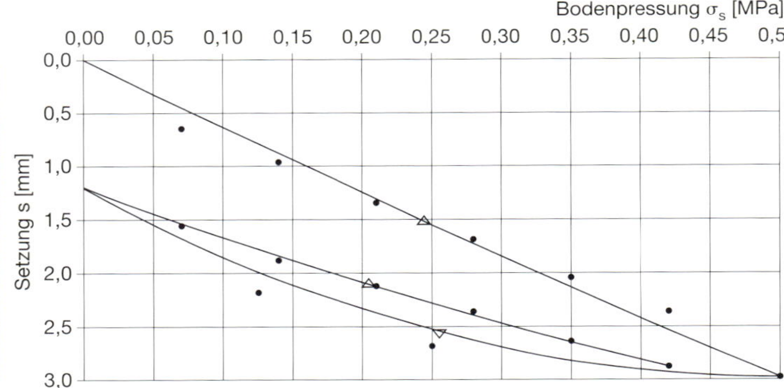

max. $Sigma_1$	Kurve	Parameter a_1	Parameter a_2	E_v	Platte d = 300 mm
0,500	1	3,96	2,35	$E_{v1} \geq 43{,}8$ MPa	$\frac{E_{v2}}{E_{v1}} = 1{,}36$
0,500	2	4,76	-1,94	$E_{v2} \geq 59{,}5$ MPa	
Forderung		$E_{v2} \geq 25{,}1$ MPa		erfüllt: ja	

Foto und Grafik: Hotz

Bild 3.7: Statisches Plattendruckgerät gemäß DIN 18134-300

Test identification	A: L3–41	Kartennummer 120312144909
No. layer	L3	
thickness	10 cm	
compaction	before compaction, alter spreading	
Soil type	grey fossilforous silky sandstone	

Ergebnis	Stoß	v/mm/s	s/mm	
	1	250.4	1.246	s/v: 4.749 ms
	2	251.3	1.235	
	3	259.1	1.227	Evd: 18.20 MPa
	∅	250.3	1.236	

Setzung s [mm]
0,2 0,4 0,6 0,8 1,0 1,2 1,4
10 20 30 40
Zeit [hs]

Foto und Grafik: Hotz

Bild 3.8: Dynamisches Plattendruckgerät gemäß TP BF-StB, Teil 8.3

Foto: Hotz

Grafik: BOMAG

Bild 3.9: Flächendeckende dynamische Verdichtungskontrolle mit Messwalze (FDVK), M FDVK E

Foto: Hotz

Bild 3.10: Geoelektrisches Verfahren mit Electrical Density Gauge

Foto: Hotz

Bild 3.11: Radiometrisches Verfahren mit radioaktiver Isotopensonde, TP BF-StB, Teil B 4.3

Kenngrößen

Bei der Durchführung der Prüfungen zur Überwachung der Qualität lagenweise eingebauter Böden sowie Boden-Bindemittel-Gemische sind üblicherweise, je nach Anforderung, folgende Kenngrößen zur Bestimmung von Dichte und Tragfähigkeit zu ermitteln:

Proctordichte ρ_{pr}

Die Ermittlung der Proctordichte erfolgt gemäß DIN EN 13286-2 anhand von Proctorversuchen (Standardproctorversuch, modifizierter Proctorversuch) im Labor an Proben des mit Bindemittel zu verbessernden Bodens bei gleichzeitiger Zugabe des Bindemittels. Ermittelt wird die maximal erreichbare Trockendichte = Proctordichte ρ_{pr} in Abhängigkeit des optimalen Wassergehalts. Die im Laborversuch ermittelte Proctordichte bildet die Bezugsproctordichte (= 100 %) für die Ermittlung des Verdichtungsgrades.

Feuchtdichte ρ, Trockendichte ρ_d
Die Ermittlung der Feucht- und Trockendichte erfolgt gemäß DIN EN ISO 17892-2 und DIN EN 16907-5 in Abhängigkeit des gewählten Verfahrens zur Bestimmung der Dichte.

Wassergehalt w
Die Ermittlung des Wassergehaltes erfolgt gemäß DIN EN ISO 17892-1 im Zuge der Bestimmung der Dichte gemäß DIN EN ISO 17892-2 und DIN EN 16907-5.

Korndichte ρ_s
Die Ermittlung der Korndichte erfolgt gemäß DIN EN ISO 17892-3 an Proben des mit Bindemittel zu verbessernden Bodens. Die Korndichte beschreibt die Rohdichte der festen Einzelbestandteile (Körner) des Bodens. Die Bestimmung der Korndichte ist insbesondere empfehlenswert bei der Verwendung von gemischt- und feinkörnigen Bodenarten der Bodengruppen GU*, GT*, SU*, ST*, UL, UM, UA, TL, TM und TA nach DIN 18196, da dieser Wert zum Nachweis der Anforderungen an den zulässigen Luftporenanteil n_a benötigt wird. Darüber hinaus wird der Wert für die Auswertung von Proctorversuchen zur Berechnung der 100 % Sättigungsline benötigt.

Verdichtungsgrad D_{pr}
Zur Berechnung des Verdichtungsgrades wird das Verhältnis aus der Trockendichte der geprüften Probe zur ermittelten Bezugsproctordichte der verwendeten Bodenart und Bodengruppe gebildet und in Prozent angegeben. Bei Boden-Bindemittel-Gemischen bildet in der Regel die in der Erstprüfung ermittelte Proctordichte die Bezugsdichte.

$$D_{pr} = \frac{\rho_d}{\rho_{pr}} \cdot 100 \; [\%]$$

Luftporenanteil n_a
Die Bestimmung des Luftporengehaltes erfolgt rechnerisch auf der Grundlage der Ergebnisse der Dichtebestimmungen gemäß DIN EN ISO 17892-2 und DIN EN 16907-5. Der Nachweis des Luftporengehaltes ist in der Regel nur bei gemischt- und feinkörnigen Böden der Bodengruppen GU*, GT*, SU*, ST*, UL, UM, TL, TM und TA nach DIN 18196 erforderlich.

$$\text{Luftporenanteil } n_a = 1 - w \cdot \rho_d - \frac{\rho_d}{\rho_s} \; [-]$$

Verformungsmodul E_{v2}
Die Bestimmung des Verformungsmoduls E_{v2} erfolgt anhand des statischen Plattendruckversuches nach DIN 18134. Bei diesem Versuch werden die Verformungsmoduli E_{v1} für die Erstbelastung und E_{v2} für die Wiederbelastung ermittelt. In der Regel erfolgt hierbei die Verwendung einer Lastplatte mit einem Durchmesser von 300 mm. Zur Durchführung des Versuches ist ein Gegengewicht, z. B. in Form eines beladenen Lkw's oder eines Baggers mit > 15 t Gesamtgewicht erforderlich.

Die Anwendung der zur Verfügung stehenden Prüfverfahren führt zu den Kennwerten in Tafel 3.23.

Tafel 3.23: Prüfverfahren, Regelwerke und Kennwerte

Verfahren	Typ	Regelwerk	Kennwerte	Bemerkung
Ausstechzylinder	direkt	DIN EN ISO 17892-2 / DIN EN 16907-5	w [%] ρ, ρ_d [g/cm³]	Ermittlung des erreichten Verdichtungsgrades D_{pr} unter Verwendung der Bezugsproctordichte
Sandersatz				
Ballon				
Flüssigkeitsersatz				
Gipsersatz				
Schürfgruben				
statischer Plattendruckversuch	indirekt	DIN 18134 / DIN EN 16907-5	E_{v1}, E_{v2} [MPa] E_{v2}/E_{v1} [-]	Korrelation mit ρ_d und D_{pr}, ermittelt über direkte Verfahren erforderlich
dynamischer Plattendruckversuch		TP BF-StB Teil 8.3	E_{vd} [MPa]	
flächendeckende dynamische Verdichtungskontrolle (FDVK)		TP BF-StB Teil E 2	dynamische Kennwerte (z. B. E_{vib} [MPa])	
radiometrisch		TP BF-StB Teil B 4.3	w [%] ρ, ρ_d [g/cm³]	Korrelation mit w, ρ, ρ_d, ermittelt über direkte Verfahren erforderlich, Ermittlung D_{pr} unter Verwendung der Bezugsproctordichte
geoelektrisch		–		

Zur Bestimmung des Verdichtungsgrades D_{pr} durch die Anwendung der indirekten Prüfverfahren statischer und dynamischer Plattendruckversuch sowie FDVK ist im Vorfeld der Bauausführung durch Kalibrierversuche die Beziehung zwischen den Ausgangsgrößen statischer Verformungsmodul E_{v2}, dynamischer Verformungsmodul E_{vd} oder dem dynamischem Walzenkennwert (z. B. dynamischer E-Modul E_{vib}) und der Zielgröße Verdichtungsgrad D_{pr} zu ermitteln. Dieses Verfahren kann für fein-, gemischt-, und grobkörnige Bodenarten angewendet werden.

Ein Beispiel für eine entsprechende Kalibrierung ist in Tafel 3.24 dargestellt.

Tafel 3.24: Korrelation von Tragfähigkeit und Verdichtungsgrad

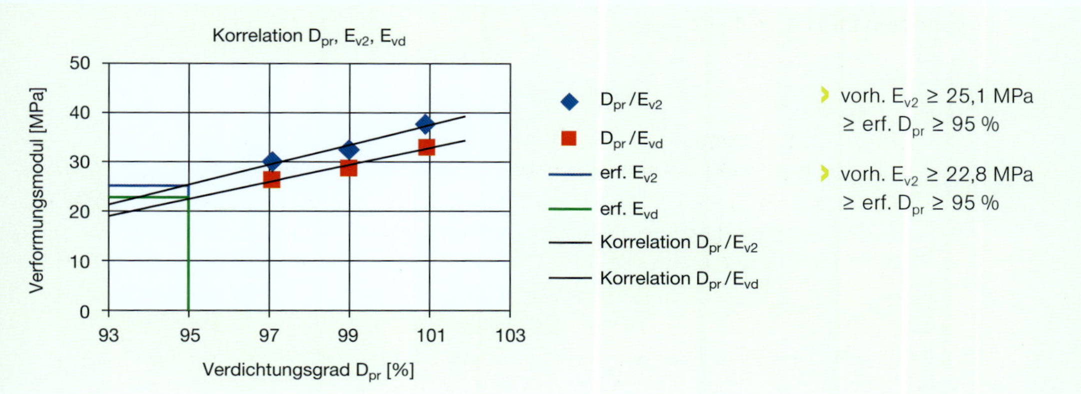

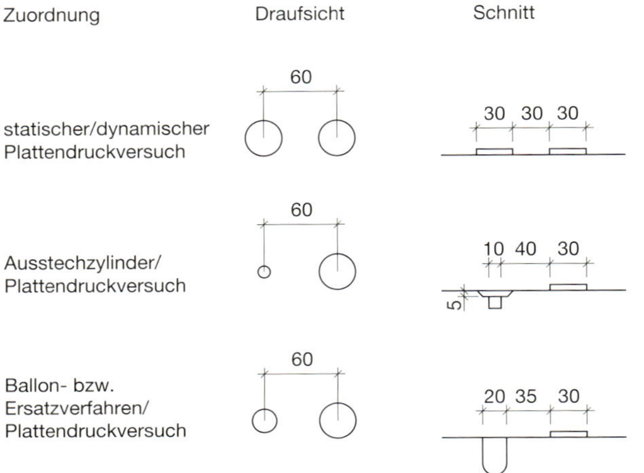

Bild 3.12: Prüfverfahren zur Durchführung von Kalibrieruntersuchungen (TP BF-StB, Teil E 4)

Hinweise zur Durchführung der Kalibrierversuche sind in TP BF-StB Teil E 4 enthalten.

Bei Verwendung grobkörniger Böden (GW, GE, GI, SW, SE, SI) und gemischtkörniger Böden mit einem Feinkornanteil von kleiner 15 M.-% (GU, GT, SU, ST) kann die indirekte Bestimmung des Verdichtungsgrades D_{pr} über die Anwendung der Prüfverfahren statischer und dynamischer Plattendruckversuch näherungsweise unter Verwendung der in der ZTV E-StB und der DB Ril 836 angegebenen Beziehungen ermittelt werden.

Diese Beziehungen gelten jedoch nur soweit, wie die zu prüfenden Böden die Anforderungen an die Korngrößenverteilung nach DIN 18196 erfüllen.

Tafel 3.25: Richtwerte für die Zuordnung des statischen Verformungsmoduls (E_{V2}) zum Verhältniswert E_{V2}/E_{V1} und zum Verdichtungsgrad D_{Pr} bei grobkörnigen Böden nach ZTV E-Stb

Bodengruppe	statischer Verformungsmodul E_{v2} [MPa]	Verhältniswert E_{v2}/E_{v1}	Verdichtungsgrad D_{Pr} [%]
GW, GI	≥ 100 ≥ 80	≤ 2,3 ≤ 2,5	≥ 100 ≥ 98
GE, SE, SW, SI	≥ 80 ≥ 80	≤ 2,3 ≤ 2,5	≥ 100 ≥ 98

Wenn der E_{v1}-Wert bereits 60 % des angegebenen E_{v2}-Wertes erreicht, sind auch höhere Verhältniswerte E_{v2}/E_{v1} zulässig.

Tafel 3.26: Richtwerte für die Zuordnung des dynamischen Verformungsmoduls (E_{VD}) zum Verdichtungsgrad D_{Pr} bei grobkörnigen Böden E_{V2}/E_{V1} und zum Verdichtungsgrad D_{Pr} bei grobkörnigen Böden nach ZTV E-Stb

Bodengruppe	statischer Verformungsmodul E_{v2} [MPa]	Verdichtungsgrad D_{Pr} [%]
GW, GI, GE	≥ 50	≥ 100
SE, SW, SI	≥ 40	≥ 98

Bei Anwendung des dynamischen Plattendruckversuches als indirektes Prüfverfahren zur Bestimmung des Verdichtungsgrades ist der Umfang der Prüfungen im Vergleich zum notwendigen Prüfumfang bei Anwendung direkter Prüfverfahren zu verdoppeln.

Unabhängig davon ermöglicht die Anwendung des dynamischen Plattendruckversuches als indirektes Prüfverfahren zum Nachweis des Verdichtungsgrades eine deutliche Beschleunigung des Zeitaufwandes für die Durchführung von Eigenüberwachungs- und Kontrollprüfungen einschließlich Beurteilung der Ergebnisse gegenüber den herkömmlichen Methoden. Bei der Ausführung von Bodenbehandlungen mit hydraulisch erhärtenden Bindemitteln ist dies von Vorteil, um ggf. in dem kurzen Zeitraum zwischen Abschluss der Verdichtungsarbeit und beginnender Erhärtung, Bereiche mit nicht ausreichender Verdichtung zu lokalisieren, um entsprechende Nachverdichtungsarbeiten zeitnah veranlassen zu können.

Die Durchführung von indirekten Prüfverfahren ist in der Leistungsbeschreibung festzulegen.

3.6.3 Weitere Hinweise

Eigenüberwachungs- und Kontrollprüfungen an mit Bindemittel behandelten Schichten sind durch den Auftragnehmer und den Auftraggeber unmittelbar nach der Verdichtung gemeinsam durchzuführen. Auf Grund der kurzen Verarbeitungszeit bei Verwendung hydraulischer Bindemittel sollten Eigenüberwachungs- und Kontrollprüfungen unmittelbar nach der Herstellung einer Bodenbehandlung durchgeführt werden.

Eigenüberwachungsprüfungen im Beisein eines Beauftragten des Auftraggebers können als Kontrollprüfungen anerkannt werden.

Eine Korrektur des erreichten Verdichtungsgrades durch Nachverdichtung ist nach Einsetzen der Erhärtung des Boden-Bindemittel-Gemisches nicht mehr möglich. Zu hohe oder zu geringe Wassergehalte reduzieren die erreichbare Trockendichte, wodurch das Verdichtungsziel ggf. nicht erreicht werden kann. Zu geringe Wassergehalte verhindern unter Umständen eine Erhärtung bis zur gewünschten Zielfestigkeit. Eine nicht ausreichende Qualität des Boden-Bindemittel-Gemisches kann die Gebrauchstauglichkeit des Bauteils erheblich beeinflussen und im Verlauf der Nutzung Schäden verursachen. Nicht qualitätsgerecht hergestellte Boden-Bindemittel-Gemische bzw. deren Einzellagen sind im Normalfall zu ersetzen. Dies kann entweder durch den vollständigen Austausch der schadhaften Lage oder durch Auffräsen und Wiedereinmischen von Bindemittel erfolgen.

Druckfestigkeitsprüfungen dienen ausschließlich der Ermittlung der geeigneten Bindemittelmenge im Rahmen der Eignungsuntersuchung. Im Zuge der Ausführung sind keine weiteren Prüfungen der Druckfestigkeit des eingebauten Boden-Bindemittel-Gemisches vorgesehen.

Im Einzelfall kann die Bestimmung der einaxialen Druckfestigkeit des Boden-Bindemittel-Gemisches an Prüfkörpern aus der fertigen Schicht zur Überprüfung der erzielten Qualität sinnvoll sein. Der erforderliche Aufwand zur Gewinnung aussagefähiger Prüfkörper ist abhängig von der Wahl des Gewinnungsverfahrens. Dieses hat entscheidenden Einfluss auf die Qualität der Prüfkörper und damit auf die Ergebnisse.

Das einfachste Verfahren zur Gewinnung und Herstellung von aussagefähigen Prüfkörpern besteht in der baubegleitenden Mitnahme von frischen Materialproben des Boden-Bindemittel-Gemisches und der Herstellung der Prüfkörper durch Verdichtung, analog dem Proctorversuch, im Proctortopf.

Wenn eine Bohrkernentnahme erwogen wird, sollte das eingebaute und zu überprüfende Boden-Bindemittel-Gemisch bis zur Probenahme mindestens 14 bis 21 Tage aushärten können. Mit handelsüblichen Kernbohrgeräten lassen sich nur bedingt einwandfreie Bohrkerne gewinnen. Die Qualität dieser Bohrkerne kann durch verfahrensbedingte Haarrissbildung und ggf. eingelagerte größere Einzelkörner gestört werden, wodurch das Ergebnis der Druckfestigkeitsprüfung beeinflusst werden kann.

Alternativ hat sich die Entnahme von quadratischen Blöcken mit Kantenlängen von mindestens 30 x 30 x 30 cm durch Aussägen aus der eingebauten Schicht bewährt. Aus diesen Blöcken lassen sich im Labor bei Verwendung von Präzisionskernbohrgeräten qualitativ hochwertige Bohrkerne zur Bestimmung der einaxialen Druckfestigkeit des Boden-Bindemittel-Gemisches gewinnen. Im Vergleich zu den beiden vorgenannten Verfahren erfordert dieses Verfahren den größten Aufwand bis zum Erhalt der Ergebnisse der Druckfestigkeitsprüfung.

3.7 3.7 Leistungsbeschreibung

Die für Bodenbehandlungen mit Bindemitteln erforderlichen Leistungen können wie folgt in der Leistungsbeschreibung angegeben werden.

Eignungsuntersuchung
Durchführung von Eignungsuntersuchungen an Boden-Bindemittel-Gemischen gemäß TP BF-StB 11.1 / TP BF-StB 11.3 für Bodenverbesserung / qualifizierte Bodenverbesserung / Bodenverfestigung, Beginn der Durchführung mindestens 6 Wochen vor Beginn der Bauausführung, Wahl des geeigneten Bindemittels durch den AN, am Boden-Bindemittel-Gemisch sind folgende Kennwerte nachzuweisen:

- einaxiale Druckfestigkeit ($q_u \geq 0{,}5$ MPa bei qualifizierter Bodenverbesserung)
- (weitere Kennwerte können nach Bedarf durch den Aufsteller des LV's definiert werden)

Die Festlegung des endgültigen Bindemittelgehaltes erfolgt in Abhängigkeit der Ergebnisse der Eignungsuntersuchung. Die Mindestbindemittelmenge beträgt 3 M.-% bei qualifizierter Bodenverbesserung.

An repräsentativen Proben des Ausgangsbodens sind je Bodenart folgende Klassifizierungsversuche durchzuführen:

- 1 x Wassergehalt DIN EN ISO 17892-1
- 1 x Zustandsgrenzen DIN EN ISO 17892-12
- 1 x Korngrößenverteilung DIN EN ISO 17892-4
- 1 x Korndichte DIN EN ISO 17892-3
- 1 x Proctordichte DIN EN 13286-2
- (weitere Versuche nach Erfordernis, Beschreibung durch den Aufsteller des LV's)

An Proben des Boden-Bindemittel-Gemisches sind je Bindemittel- und Bindemittelmenge folgende Versuche durchzuführen:

- 1 x Proctorversuch nach DIN EN 13286-2

Herstellung von mindestens 9 Probekörpern des Boden-Bindemittel-Gemisches je Bindemittel und Bindemittelmenge einschließlich Durchführung Druckfestigkeitsprüfungen (weitere Prüfungen nach Erfordernis) gemäß TP BF-StB 11.1 / TP BF-StB 11.3 nach 7 und 28 Tagen Feuchtlagerung sowie nach 27 Tagen Feuchtlagerung zzgl. 24-stündiger Wasserlagerung.

(Preis je Stück)

Die im Rahmen der Eignungsuntersuchungen ermittelte erforderliche Bindemittelmenge ist über die Bauzeit beizubehalten. Die Änderung des Bindemittels erfordert eine erneute Eignungsuntersuchung.

Die Ergebnisse der Eignungsuntersuchungen sind in einem gesonderten Bericht zu dokumentieren und mindestens 5 Tage vor Beginn der Bauausführung und des Ausgangsbodens dem Bauherrn zur Prüfung und Freigabe zu übergeben.

Durchführung Bodenbehandlung mit Bindemittel
An der Einbaustelle angelieferte Böden der Bodengruppen (z. B. TL, TM, TA) nach DIN 18196 abladen, lagenweise ausbreiten, maschinell homogenisieren (maximale Korngröße 20 mm, 80 % der Bodenklumpen müssen < 8 mm sein), einschließlich Ausstreuen Wasser und Bindemittel, Wasserzugabe, Bindemittel und Bindemittelmenge gemäß Eignungsuntersuchung, Boden nach Ausstreuen des Bindemittels mit Bodenfräse gleichmäßig durchmischen. Anzahl der Mischvorgänge entsprechend den Ergebnissen des Probefeldes bzw. der Arbeitsanweisung, Boden-Bindemittel-Gemisch lagenweise verdichten. Anzahl der Verdichtungsüberfahrten entsprechend den Ergebnissen des Probefeldes bzw. der Arbeitsanweisung, Lagenstärke nach Verdichtung maximal 30 cm bzw. entsprechend Ergebnissen des Probefeldes bzw. der Arbeitsanweisung.

- Anforderungen an die Verdichtung, (z. B. $D_{pr} \geq 97$ %)
- Luftporenvolumen $n_a \leq 12$ % (nur bei gemischt- und feinkörnigen Böden)
- weitere Anforderungen nach Erfordernis (Beschreibung durch den Aufsteller des LV's)
- Liefern von Wasser und Bindemittel wird gesondert vergütet. Durchführung Eigenüberwachungsprüfungen wird gesondert vergütet.

Abrechnung erfolgt nach verdichteter Einbaumasse.

(Preis je m^3)

4 Tragschichten

4.1 Allgemeines 4.1

Tragschichten sind zentraler Teil des Oberbaus und sorgen für die Lastverteilung zwischen der Deckschicht und dem Schichtenaufbau unterhalb der Tragschicht.

Gemäß RStO 12 wird unterschieden in:

- Tragschichten ohne Bindemittel (ungebundene Tragschichten)
- Tragschichten mit hydraulischen Bindemitteln (Verfestigungen, hydraulisch gebundene Tragschichten (HGT))
- Betontragschichten

Weiterhin sind in der RStO 12 Asphalttragschichten aufgeführt, die hier aber nicht behandelt werden.

Hinsichtlich der Begrifflichkeit wird in der Bautechnik des Straßenbaus unterschieden in:

- *Baustoffgemische* als Gemische aus Gesteinskörnungen mit festgelegter Korngrößenverteilung ohne Bindemittel und Wasser und
- *Einbaugemische* als Baustoffgemische mit Bindemittel und Wasser.

4.2 Konstruktion und Dimensionierung 4.2

4.2.1 Allgemeines

Die Art und die Dicke der Tragschichten unter Beton- und Asphaltdecken sowie im vollgebundenen Oberbau richtet sich nach den in den Richtlinien für die Standardisierung des Oberbaues von Verkehrsflächen (RStO 12) formulierten Belastungsklassen und nach der Art der Tragschicht. Bei Dimensionierungen nach RDO werden Art und Dicke der Tragschicht im Rahmen der jeweiligen Dimensionierung festgelegt.

Unterlage
Die Unterlage ist der Bereich unter der jeweils herzustellenden Schicht. Der Unterbau oder der Untergrund schließen zum Oberbau mit dem Planum ab. Die Unterlage muss standfest, tragfähig, profilgerecht (Höhenlage und Gefälle) und eben sein. Sie muss die notwendigen Entwässerungseinrichtungen enthalten und darf keine schädlichen Verunreinigungen aufweisen.

Soll die Unterlage für längere Zeit unmittelbar befahren werden oder erfolgt der Einbau der Tragschichten erst nach längerer Unterbrechung, kann der Einbau von Planumsschutzschichten erforderlich werden.

Dicke und Anordnung der Tragschichten
Werden Tragschichten im Bereich des standardisierten Oberbaus von Straßenverkehrsflächen eingesetzt, sind für die Dicke, die Art und die Anordnung der Tragschichten die RStO 12 maßgebend. Entsprechend der Belastung wird eine Straße nach Belastungsklassen unterteilt. Nach Festlegung der Belastungsklasse und Berücksichtigung der Frosteinwirkungszonen (Bild 4.1) ergeben sich für eine Unterlage aus F2- und F3-Böden mit einem E_{v2}-Wert ≥ 45 MPa die Art, die Dicke und die Anordnung der Tragschichten aus den Tafeln 4.1 und 4.2. Den Angaben liegen die in Tafel 4.3 angegebenen Dicken der Tragschichten ohne Bindemittel zugrunde.

Hinsichtlich der Frosteinwirkungszonen gibt es in den einzelnen Bundesländern zum Teil detailliert abgestimmte Grenzbereiche/Zonengrenzen, die den Planungen zugrunde gelegt werden sollten. Dies wird häufig nicht beachtet, wenn nicht ortsansässige Planungsbüros für die Planung zuständig sind.

Im Allgemeinen ergibt sich die Mindestdicke des frostsicheren Straßenaufbaus aufgrund der anzusetzenden Belastungsklasse. Für F2- und F3-Böden bewegt sich der Ausgangswert für die Mindestdicke des frostsicheren Straßenaufbaus je nach Belastungsklasse zwischen 40 cm und 65 cm. Vorhandene örtliche Verhältnisse erfordern in manchen Fällen eine Korrektur dieser Mindestdicken. Besteht der Untergrund bzw. Unterbau unmittelbar unter dem Oberbau mindestens in der Dicke der Frostschutzschicht aus Boden der Frostempfindlichkeitsklasse F1, kann die Frostschutzschicht entfallen.

Wird auf dem Planum ein E_{v2}-Wert ≥ 80 MPa erreicht, können die Dicken der Tragschichten ohne Bindemittel in Abhängigkeit von der Tragfähigkeit des Unterbaus oder Untergrundes gemäß Tafel 4.3 festgelegt werden. Für Schottertragschichten und Tragschichten aus frostunempfindlichem Material unter Betondecken sowie für Schotter- und Kiestragschichten unter Pflasterdecken gelten die Schichtdickenangaben in den Tafeln 4.1 und 4.2.

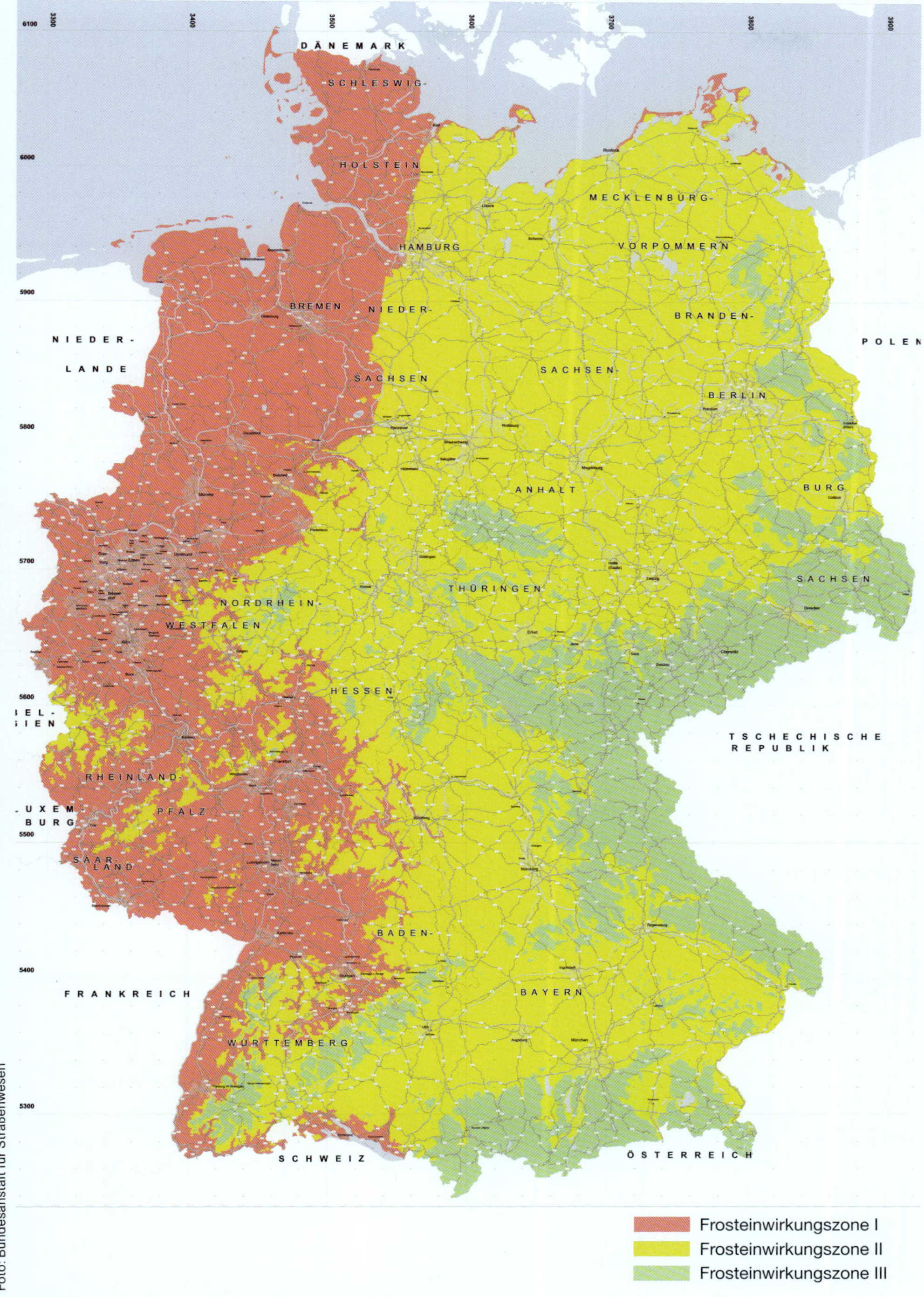

Foto: Bundesanstalt für Straßenwesen

Bild 4.1: Frosteinwirkungszonen (nach RStO 12)

Tafel 4.1: Bauweisen mit Betondecke für Fahrbahnen auf F2-und F3-Untergrund/Unterbau (nach RStO 12)

Zeile	Belastungsklasse		BK100				BK32				BK10			
	äquivalente 10-t-Achs-übergänge [Mio.]	B	> 32				> 10–32				> 3,2–10			
	Dicke des frostsicheren Oberbaues[1]		55	65	75	85	55	65	75	85	55	65	75	85
	Tragschicht mit hydraulischen Bindemitteln auf Frostschutzschicht aus frostunempfindlichem Material													
1.1	Betondecke / Vliesstoff[3] / hydraulisch gebundene Tragschicht (HGT) / Frostschutzschicht		27 / 15 / Σ42; ▼120 ▼45				26 / 15 / Σ41; ▼120 ▼45				25 / 15 / Σ40; ▼120 ▼45			
	Dicke der Frostschutzschicht		–	–	33[2]	43	–	24[3]	34	44	–	25[3]	35	45
1.2	Betondecke / Vliesstoff[3] / Verfestigung / Schicht aus frostunempfindlichem Material – weit oder intermittierend gestuft gemäß DIN 18196		27 / 20 / Σ47; ▼45				26 / 15 / Σ41; ▼45				25 / 15 / Σ40; ▼45			
	Dicke der Schicht aus frostunempfindlichem Material		8[4]	18[4]	28	38	14[4]	24	34	44	15[4]	25	35	45
1.3	Betondecke / Vliesstoff / Verfestigung / Schicht aus frostunempfindlichem Material – enggestuft gemäß DIN 18196		27 / 25 / Σ52; ▼45				26 / 20 / Σ46; ▼45				25 / 20 / Σ45; ▼45			
	Dicke der Schicht aus frostunempfindlichem Material		3[4]	13[4]	23	33	9[4]	19	29	39	10[4]	20	30	40
	Asphalttragsschicht auf Frostschutzschicht													
2	Betondecke / Asphalttragschicht / Frostschutzschicht		26 / 10 / Σ36; ▼120 ▼45				25 / 10 / Σ35; ▼120 ▼45				24 / 10 / Σ34; ▼120 ▼45			
	Dicke der Frostschutzschicht		–	29[3]	39	49	–	30[2]	40	50	–	31[2]	41	51

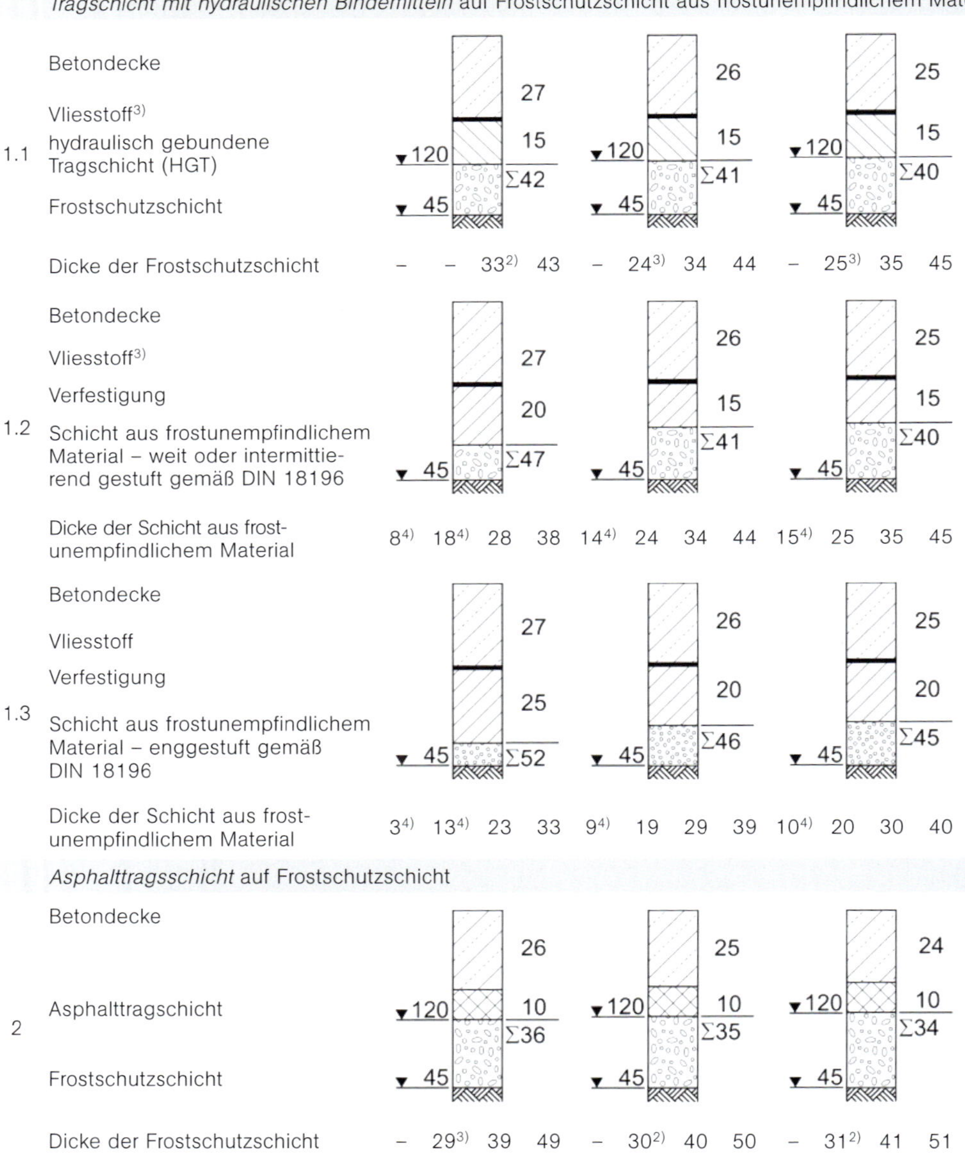

1) Bei abweichenden Werten sind die Dicken der Frostschutzschicht bzw. des frostunempfindlichen Materials durch Differenzbildung zu bestimmen, siehe RStO 12, Tabelle 8

2) Mit rundkörnigen Gesteinskörnungen nur bei örtlicher Bewährung anwendbar

3) Nur mit gebrochenen Gesteinskörnungen und bei örtlicher Bewährung anwendbar

(Dickenangaben [cm]; ▼ E_{v2}-Mindestwerte [MPa])

BK3,2				BK1,8				BK1,0				BK0,3			
> 1,8–3,2				> 1,0–1,8				> 0,3–1,0				≤ 0,3			
45	55	65	75	45	55	65	75	45	55	65	75	35	45	55	65
24 ▼120 15 Σ39 ▼ 45				23 ▼120 15 Σ38 ▼ 45											
–	–	26[3)]	36	–	–	27[3)]	37								
24 15 Σ39 ▼ 45				23 15 Σ38 ▼ 45											
6[4)]	16[4)]	26	36	–	–	27[3)]	37								
24 20 Σ44 ▼ 45				23 20 Σ43 ▼ 45				20 15 Σ35 ▼ 45				20 15 Σ35 ▼ 45			
1[4)]	11[4)]	21	31	2[4)]	12[4)]	22	32	10[4)]	20	30	40	–	10[4)]	20	30
23 ▼120 10 Σ33 ▼ 45				22 ▼120 8 Σ30 ▼ 45											
–	–	32[2)]	42	–	25[3)]	35	45								

[4)] Nur auszuführen, wenn das frostunempfindliche Material und das zu verfestigende Material als eine Schicht eingebaut werden

Fortsetzung **Tafel 4.1:** Bauweisen mit Betondecke für Fahrbahnen auf F2-und F3-Untergrund/Unterbau

Zeile	Belastungsklasse		BK100				BK32				BK10			
	äquivalente 10-t-Achsübergänge [Mio.]	B	> 32				> 10–32				> 3,2–10			
	Dicke des frostsicheren Oberbaues[1]		55	65	75	85	55	65	75	85	55	65	75	85
	Schottertragschicht auf Schicht aus frostunempfindlichem Material													
3.1	Betondecke Schottertragschicht[19] Schicht aus frostunempfindlichem Material	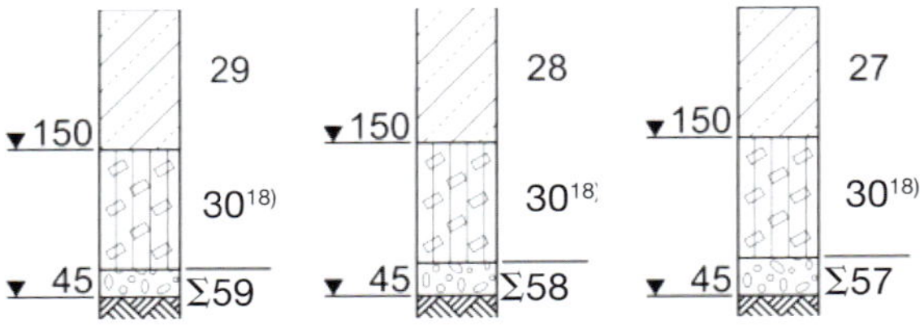	▼150 ▼45 29 30[18] Σ59				▼150 ▼45 28 30[18] Σ58				▼150 ▼45 27 30[18] Σ57			
	Dicke der Schicht aus frostunempfindlichem Material		Ab 12 cm aus frostunempfindlichem Material,											
	Schottertragschicht auf Frostschutzschicht													
3.2	Betondecke Schottertragschicht[19] Frostschutzschicht	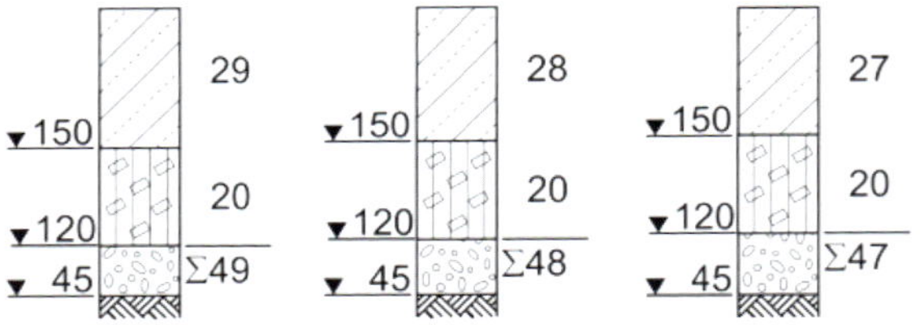	▼150 ▼120 ▼45 29 20 Σ49				▼150 ▼120 ▼45 28 20 Σ48				▼150 ▼120 ▼45 27 20 Σ47			
	Dicke der Frostschutzschicht		–	–	26[1]	36	–	–	27[1]	37	–	–	28[1]	38
	Frostschutzschicht													
4	Betondecke Frostschutzschicht													
	Dicke der Frostschutzschicht													

[1] Bei abweichenden Werten sind die Dicken der Frostschutzschicht bzw. des frostunempfindlichen Materials durch Differenzbildung zu bestimmen, siehe RStO 12, Tabelle 8

(nach RStO 12)

(Dickenangaben [cm]; ▼ E_{v2}-Mindestwerte [MPa])

BK3,2				BK1,8				BK1,0				BK0,3			
> 1,8–3,2				> 1,0–1,8				> 0,3–1,0				≤ 0,3			
45	55	65	75	45	55	65	75	45	55	65	75	35	45	55	65
▼150 26; 30[18]; ▼45 Σ56				▼150 24; 30[18]; ▼45 Σ54											
geringere Restdicke ist mit dem darüber liegenden Material auszugleichen															
▼150 26; ▼120 20; ▼45 Σ46				▼150 24; ▼120 20; ▼45 Σ44											
–	–	19[1]	29	–	–	21[1]	31								
								▼120 21 Σ21; ▼45				▼100 21 Σ21; ▼45			
								24[3]	34	44	54	14[3]	24	34	44

3) Nur mit gebrochenen Gesteinskörnungen und bei örtlicher Bewährung anwendbar

18) Bei örtlicher Bewährung 25 cm

19) Alternativ auch als modifizierte Kiestragschicht nach den FGSV-Hinweisen H KTSuB möglich.

Tafel 4.2: Bauweisen mit Pflasterdecke für Fahrbahnen auf F2-und F3-Untergrund/Unterbau (nach RStO 12)

Zeile	Belastungsklasse		BK3,2				BK1,8				BK1,0				BK0,3			
	äquivalente 10-t-Achsübergänge [Mio.]	B	> 1,8–3,2				> 1,0–1,8				> 0,3–1,0				≤ 0,3			
	Dicke des frostsicheren Oberbaues[1)]		45	55	65	75	45	55	65	75	45	55	65	75	35	45	55	65
	Schottertragschicht auf Frostschutzschicht[13)]																	
1	Plasterdecke[9)] Schottertragschicht Frostschutzschicht		▼180[15)] 10 4 25 ▼120 39 ▼45				▼150 10 4 30 ▼120 44 ▼45				▼150 8 4 20 ▼120 32 ▼45				▼120 8 4 15 ▼100 27 ▼45			
	Dicke der Frostschutzschicht		–	–	26[3)]	36	–	–	26[3)]	36	–	–	33[2)]	43	–	18[3)]	28	38
	Kiestragschicht auf Frostschutzschicht																	
2	Plasterdecke[9)] Kiestragschicht Frostschutzschicht						▼150 10 4 30 ▼120 44 ▼45				▼150 8 4 25 ▼120 37 ▼45				▼120 8 4 20 ▼100 32 ▼45			
	Dicke der Frostschutzschicht						–	–	–	31[2)]	–	–	28[2)]	38	–	–	23[2)]	33
	Schotter-/Kiestragschicht auf Schicht aus frostunempfindlichem Material[13)]																	
3	Plasterdecke[9)] Schotter- oder Kiestragschicht Schicht aus frostunempfindlichem Material		▼180[15)] 10 4 30[19)] ▼45 44				▼150 10 4 30[11)] ▼45 44				▼150 8 4 30[11)] ▼45 42				▼120 8 4 25[11)] ▼45 37			
	Dicke der Schicht aus frostunempfindlichem Material		Ab 12 cm aus frostunempfindlichem Material ist die geringere Restdicke mit dem darüber liegenden Material auszugleichen.															
	Asphalttragsschicht auf Frostschutzschicht																	
4	Plasterdecke[9)] wasserdurchlässige Asphalttragschicht[10)] Frostschutzschicht		10 4 ▼120 14 28 ▼45				10 4 ▼120 14 28 ▼45				8 4 ▼120 12 24 ▼45				8 4 ▼100 10 22 ▼45			
	Dicke der Frostschutzschicht		–	27[3)]	37	47	–	27[2)]	37	47	–	31[2)]	41	51	–	23[2)]	33	43

(Dickenangaben [cm]; ▼ E_{v2}-Mindestwerte [MPa])

Fortsetzung **Tafel 4.2:** Bauweisen mit Pflasterdecke für Fahrbahnen auf F2-und F3-Untergrund/Unterbau (nach RStO 12)

Zeile	Belastungsklasse		BK3,2				BK1,8				BK1,0				BK0,3			
	äquivalente 10-t-Achs-übergänge [Mio.]	B	> 1,8–3,2				> 1,0–1,8				> 0,3–1,0				≤ 0,3			
	Dicke des frostsicheren Oberbaues[1]		45	55	65	75	45	55	65	75	45	55	65	75	35	45	55	65
	Asphalttragschicht und Schottertragschicht auf Frostschutzschicht																	
5	Plasterdecke[9] wasserdurchlässige Asphalttragschicht[10] Schottertragschicht Frostschutzschicht		▼150 ▼120 ▼45 10 / 4 / 10 / 15 / 39				▼150 ▼120 ▼45 10 / 4 / 10 / 15 / 39				▼150 ▼120 ▼45 8 / 4 / 8 / 15 / 35				▼120 ▼100 ▼45 8 / 4 / 8 / 15 / 35			
	Dicke der Frostschutzschicht		–	–	26[3]	36	–	–	26[2]	36	–	20[2]	30	40	–	–	20[2]	30
	Asphalttragschicht und Kiestragschicht auf Frostschutzschicht																	
6	Plasterdecke[9] wasserdurchlässige Asphalttragschicht[10] Kiestragschicht Frostschutzschicht		▼150 ▼120 ▼45 10 / 4 / 10 / 20 / 44				▼150 ▼120 ▼45 10 / 4 / 10 / 20 / 44				▼150 ▼120 ▼45 8 / 4 / 8 / 20 / 40				▼120 ▼100 ▼45 8 / 4 / 8 / 20 / 40			
	Dicke der Frostschutzschicht					31[2]	–	–	–	31[2]	–	25[3]	35	45	–	–	15[3]	25
	Drainbetontragschicht auf Frostschutzschicht																	
7	Plasterdecke[9] Draintragschicht (DBT)[10] Frostschutzschicht		▼120 ▼45 10 / 4 / 20 / 34				▼120 ▼45 10 / 4 / 20 / 34				▼120 ▼45 8 / 4 / 15 / 27				▼100 ▼45 8 / 4 / 15 / 27			
	Dicke der Frostschutzschicht		–	–	31[2]	41	–	–	31[2]	41	18[3]	28	38	48	–	18[3]	28	38

[1] Bei abweichenden Werten sind die Dicken der Frostschutzschicht bzw. des frostempfindlichen Materials durch Differenzbildung zu bestimmen, siehe RStO 12, Tabelle 8

[2] Mit rundkörnigen Gesteinskörnungen nur bei örtlicher Bewehrung anwendbar

[3] Nur mit gebrochenen Gesteinskörnungen und bei örtlicher Bewehrung anwendbar

[9] Abweichende Steindicke siehe Abschnitt 3.3.5 der RStO 12

[10] Siehe ZTV Pflaster-StB

[11] Bei Kiestragschichten in Belastungsklassen Bk1,8 und Bk3,2 in 40 cm Dicke, in Belastungsklassen Bk0,3 und Bk1,0 in 30 cm Dicke

[13] Anwendung in Bk3,2 nur bei örtlicher Bewehrung

[15] Mit E_{v2} ≥ 150 MPa bei bewährten regionalen Bauweisen anwendbar

[19] Nur Schottertragschicht

Tafel 4.3: Anhaltswerte für aus Tragfähigkeitsgründen erforderliche Schichtdicken von Tragschichten ohne Bindemittel (ToB) gemäß ZTV SoB-Stb in Abhängigkeit von den E_{v2}-Werten der Unterlage sowie der Tragschichtart (nach RStO 12, Dickenangaben in cm)

	E_{v2}-Wert [MPa] auf Oberfläche ToB	≥ 80	≥ 100	≥ 120	≥ 150	≥ 100	≥ 120	≥ 150	≥ 120	≥ 150	≥ 180	≥ 150	≥ 180
Art der ToB	STS [cm]	15*	15*	25	35**	–	20	25	15*	20	30	15*	20
	KTS [cm]	15*	15*	30	50**	–	25	35	20	30	X	20	X
	FSS [cm] aus überwiegend gebrochenem Material	15*	20	30	X	15*	25	X	X	X	X	X	X
	FSS [cm] aus überwiegend ungebrochenem Material	20	25	30	X	–	–	X	X	X	X	X	X
E_{v2}-Wert [MPa] der Unterlage		45				80			100			120	
Unterlage		Planum							Frostschutzschicht				

X nicht mögliche Kombination
– nicht gebräuchliche Kombination
15* technologische Mindestdicke von 0/45
** bei örtlicher Bewährung auch geringere Dicke möglich

Sind andere Einbaudicken erforderlich, müssen die Anforderungen an die Mindestdicke von Tragschichten beachtet werden. Diese sind wie folgt festgelegt:

Oberbauschichten ohne Bindemittel
Die Mindesteinbaudicke jeder Schicht oder Lage muss im verdichteten Zustand und in Abhängigkeit vom Größtkorn der Lieferkörnungen bei Baustoffgemischen betragen:

- bis 32 mm > 12 cm
- bis 45 mm > 15 cm
- bis 56 mm > 18 cm
- bis 63 mm > 20 cm

Bei Lieferkörnungen bis 22 mm Größtkorn für Rad- und Gehwege beträgt die Mindesteinbaudicke jeder Schicht oder Lage im verdichteten Zustand 10 cm.

Oberbauschichten mit Bindemittel
Grundsätzlich dürfen hydraulisch gebundene Tragschichten an keiner Stelle eine Dicke von 9 cm und Verfestigungen eine Dicke von 10 cm unterschreiten. Jede Lage einer Betontragschicht muss im verdichteten Zustand mindestens eine Dicke von 6 cm aufweisen. Ausgleichsschichten aus Beton müssen mindestens 10 cm dick sein.

Gemäß ZTV Beton-StB sind die Mindesteinbaudicken für Tragschichten mit hydraulischen Bindemitteln im standardisierten Straßenbau aber größer.

Verfestigungen
Bei Verfestigungen sind die Mindesteinbaudicken im verdichteten Zustand abhängig vom Mischverfahren und vom Größtkorn der Einbaugemische. Diese ergeben sich wie folgt:

- im Zentralmischverfahren hergestellt ≥ 12 cm
- im Baumischverfahren hergestellt ≥ 15 cm

In Abhängigkeit vom Größtkorn betragen die Mindesteinbaudicken bei:

- Einbaugemischen 0/32 mm ≥ 12 cm
- Einbaugemischen 0/45 mm ≥ 15 cm
- Einbaugemischen > 0/45 mm ≥ 20 cm

Hydraulisch gebundene Tragschichten
Die Mindesteinbaudicke im verdichteten Zustand jeder Lage einer hydraulisch gebundenen Tragschicht beträgt bei:

- Einbaugemischen 0/32 mm ≥ 12 cm
- Einbaugemischen 0/45 mm ≥ 15 cm

Betontragschichten
Die Mindesteinbaudicke jeder verdichteten Lage einer Betontragschicht beträgt 12 cm, bei Verdichtung mit Innenrüttlern 15 cm.

Baubetriebliche Hinweise
Werden Tragschichten mit hydraulischen Bindemitteln für längere Zeit unmittelbar befahren oder verzögert sich der Einbau der Deckschichten erheblich (z. B. Winterperiode), sind die Tragschichten durch Einbau einer mineralischen Schutzschicht zu schützen. Verschmutzungen sind durch intensives Abkehren oder Abstoßen vollständig zu beseitigen, um die volle Entwässerungsfähigkeit, insbesondere der ungebundenen Tragschichten, zu erhalten. Die profilgerechte Lage der Fahrbahndeckenoberkante ist mit einer Toleranz von ± 20 mm herzustellen. Abweichungen von der Ebenheit, Unterschreitungen der Solldicke, der Sollhöhe oder der Querneigung der Tragschichten sind durch den Beton der Decke auszugleichen.

4.2.2 Randausbildung und Entwässerung

Ohne Randeinfassung sind Tragschichten breiter (mindestens 50 cm) als die Decke auszuführen und am Rand abzuböschen.

Die Verbreiterung der Tragschichten verbessert das Tragverhalten des Oberbaus im Randbereich und ergibt eine standfeste Auflage für eine Schalung oder für die Lauffläche von Gleitschalungsfertigern. Ist die Lauffläche der Gleitschalungsfertiger breiter als 40 cm, muss der Überstand mindestens die Breite der Lauffläche zuzüglich 10 cm betragen.

Bei Tragschichten mit hydraulischen Bindemitteln ist darauf zu achten, dass der seitliche Überstand am höher liegenden Fahrbahnrand mit einem Gegengefälle nach außen hergestellt wird, um zu vermeiden, dass Wasser von der Seite in die Straßenkonstruktion eindringt.

Bei anbaufreien Straßen muss die Unterlage der 1. Tragschicht ohne Bindemittel am hochliegenden Rand der Fahrbahnbefestigung ein Gegengefälle von mindestens 4 % aufweisen. Das Gegengefälle muss vom Rand der Fahrbahndecke gemessen bis 1,0 m unter die Fahrbahndecke ausgebildet werden, sodass sichergestellt ist, dass außerhalb der Fahrbahnbefestigung anfallendes Wasser nicht in die Tragschicht ohne Bindemittel eindringt und dort langfristig zu Schäden führt. Zudem müssen wirksame Entwässerungseinrichtungen vorhanden sein, die entsprechend dem Baufortschritt anzupassen, zu schützen und in ihrer Funktion aufrecht zu erhalten sind.

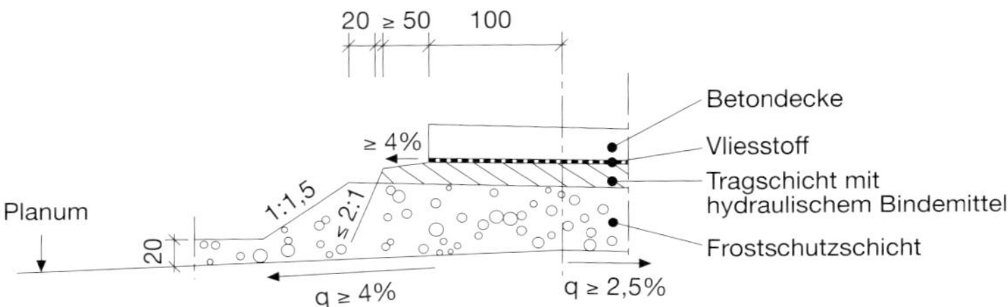

Bild 4.2: Randausbildung einer Betondecke mit einer Tragschicht mit hydraulischem Bindemittel (ZTV Beton-StB)

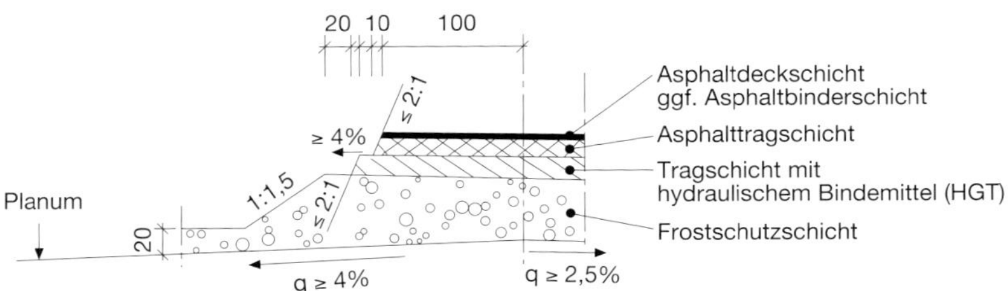

Bild 4.3: Randausbildung einer Asphaltbefestigung auf einer hydraulisch gebundenen Tragschicht (HGT) (ZTV Beton-StB)

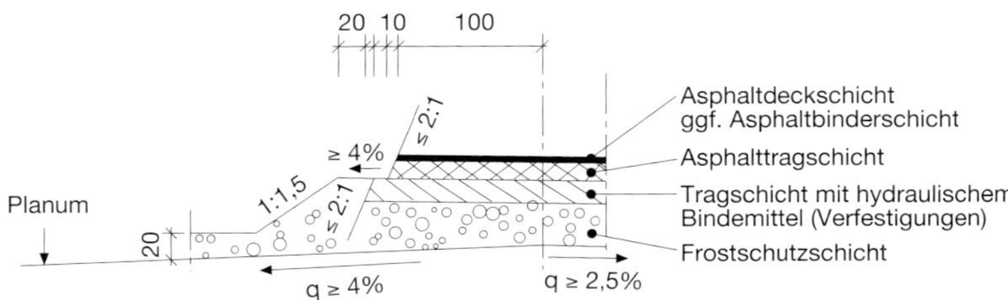

Bild 4.4: Randausbildung einer Asphaltbefestigung auf einer Verfestigung (ZTV Beton-StB)

4.3 Tragschichten ohne Bindemittel (ToB) 4.3

Ungebundene Baustoffe in flexiblen Straßenkonstruktionen dürfen nur begrenzt belastet werden. Das maßgebende Kriterium zur Festlegung der Belastbarkeit ist nicht der Bruch, sondern die Beschränkung der bleibenden Verformung. Die in den RStO 12 festgeschriebenen Befestigungen von Straßen wurden im Wesentlichen empirisch ermittelt.

Das Spannungs-Verformungsverhalten von ungebundenen Tragschichten ist schwer modellierbar und bedarf der weiteren Erforschung. In den geltenden Vorschriften werden allgemein die Regelschichtdicken und die Mindesttragfähigkeit von ungebundenen Tragschichten bei einer vorausgesetzten Tragfähigkeit des Untergrundes vorgegeben. Bei ungünstigen Festigkeits- und Verformungseigenschaften der Tragschichten können diese Zusammenhänge nicht mehr zutreffend sein und sollten durch gesonderte Analysen untersucht werden.

Im Allgemeinen bestehen folgende Zusammenhänge:

- Die bekannten Zusammenhänge zwischen dem E_{v2}-Wert auf dem Planum, dem E_{v2}-Wert auf der Oberfläche der Tragschicht und ihrer Schichtdicke gelten für Tragschichtmaterial mit ausreichendem CBR-Wert. Der CBR-Versuch ist ein Laborversuch, der die Tragfähigkeit ungebundenen Materials beschreibt. Der CBR-Wert (California Bearing Ratio) ist das Verhältnis des Eindringwiderstandes eines zu prüfenden Materials zum Eindringwiderstand in ein verdichtetes Standardmaterial.
- Je größer die Differenz zwischen dem E_{v2}-Wert auf dem Planum und dem erforderlichen E_{v2}-Wert auf der Oberfläche der Tragschicht ist, desto höhere Tragschichtdicken sind notwendig, um den geforderten E_{v2}-Wert auf der Tragschicht zu erreichen.
- Die E_{v2}-Werte ungebundener Tragschichten nehmen mit steigendem Größtkorngehalt (bis 32 mm Korngröße) und mit steigendem Anteil an gebrochenem Korn zu.
- Werden mehrere Lagen ungebundener Tragschichten eingebaut, kann eine Nachverdichtung unterer Lagen durch die Verdichtung darüberliegender Lagen nicht vorausgesetzt werden.
- Der E_{v2}-Wert auf der Oberfläche einer Tragschicht wird durch den E_{v2}-Wert des Planums, der Tragschichtdicke und den CBR-Wert des Tragschichtmaterials bestimmt.

Die Tragfähigkeit und Dauerhaftigkeit von Betondecken hängt auch von der Auflagerfläche auf den Tragschichten ab. Durch Temperatur- und Feuchtegradienten in einer Betondecke können sich die Plattenränder aufwölben. Bei den üblichen mehrschichtigen Aufbauten einer Straße kann sich der Kontaktdruck zwischen der starren Betondecke und der Tragschicht in Rand- bzw. Mittelbereichen bis zum Nullwert vermindern. Je steifer eine Unterlage ist, desto geringer wird bei starken Wölbungen die Auflagerungsfläche und desto höher werden die Spannungen in der Betondecke infolge Eigengewicht und Verkehr. Kann sich die Unterlage der Betondecke noch verformen, wie z. B. eine Schottertragschicht, wird die Auflagerfläche deutlich größer. Man spricht in diesem Falle von einem Nachbettungsvermögen der Tragschichten. Die Konstruktion folgt den Gesetzmäßigkeiten einer Platte auf elastischer Bettung mit begrenzter plastischer Verformung.

Dazu kommt bei einer Schottertragschicht unter Betondecke (STSuB) der Vorteil der Wasserdurchlässigkeit der Tragschicht. Der CBR-Wert und die Wasserdurchlässigkeit von Schottertragschichten verhalten sich dabei gegenläufig.

Bei Tragschichten ohne Bindemittel sind die Wasserdurchlässigkeit und die Frostempfindlichkeit wesentliche Materialkennwerte.

Die Frostempfindlichkeit von kornabgestuften Gemischen für ToB wird entscheidend vom Kornanteil < 0,063 mm und dessen chemisch-mineralogischer Zusammensetzung bestimmt. Im zulässigen Sieblinienbereich für ToB wird deshalb der Anteil < 0,063 mm im verdichteten Zustand auf ≤ 7,0 M.-% begrenzt. Da für RC-Material und Kalkstein die Zunahme des Feinanteils während der Verdichtung (acht dynamische und vier statische Walzenübergänge) ca. 2,0 M.-% beträgt, ist die Begrenzung des Feinkornanteils des angelieferten Materials auf < 5,0 M.-% eine zwingende Maßnahme, um die zulässigen Sieblinien für ToB im Feinkornbereich einzuhalten. Durch die „stampfende“ Proctorverdichtung kann die Kornverfeinerung nicht ausreichend nachgebildet werden. Zudem sollten die Gesteinskörnungen ein dichtes Gefüge aufweisen, da poröse Materialien zu einer stärkeren Wasseraufnahme neigen.

Der aus bautechnischer Sicht maximal zulässige Feinkornanteil am Ausgangsmaterial muss im Bedarfsfall im Rahmen der Erstprüfung in einem praxisnahen Baufeld (Verdichtungsgrad D_{Pr} > 103 %) mit der Forderung nach einem Anteil < 0,063 mm mit höchstens 7,0 M.-% im eingebauten Zustand festgelegt werden.

Bei Untersuchungen konnten an ToB k_f-Werte von $1{,}2 \times 10^{-4}$ m/s bis $35{,}4 \times 10^{-4}$ m/s gemessen werden. Diese Werte dokumentieren eine ausreichende Wasserdurchlässigkeit. Eine Verringerung der Wasserdurchlässigkeit von ToB nach Einbau und Verdichtung wird eher auf die Kornverteilung und den Verdichtungsgrad als auf zu hohe Anteile von Feinkorn zurückgeführt. Von wesentlicher Bedeutung für die Wasserdurchlässigkeit von ToB sind zudem die durch Kornverfeinerungen und Verschmutzungen im Baubetrieb erfolgenden Verkrustungen der Oberflächen von ToB. In kritischen Fällen muss die Oberfläche von ToB nochmals aufgelockert werden.

Um Entmischungserscheinungen beim Einbau von ToB aus RC-Material und/oder Hochofenschlacke vorzubeugen, muss der Kornanteil < 2 mm im Mittel auf 28 M.-% eingestellt werden. Damit wird bei ausreichender Wasserdurchlässigkeit auf einem Gründungsplanum mit E_{v2}-Werten ≥ 55 MPa auf der ToB sicher ein E_{v2}-Wert von ≥ 120 MPa bzw. ≥ 150 MPa erreicht.

Auch eine *Schottertragschicht* unter Betondecken (STSuB) kann eine hohe Tragfähigkeit und ein gutes Verformungsverhalten bei gleichzeitiger Wasserdurchlässigkeit erreichen. Gemäß TL SoB-StB und ZTV SoB-StB werden an STSuB heute folgende präzisierte Anforderungen gestellt:

Der Kornanteil ≤ 0,063 mm darf im Anlieferungszustand 3 M.-% nicht überschreiten, ansonsten ist im Einbauzustand der Grenzwert von 5 M.-% gesondert nachzuweisen.

Der Nachweis des Verdichtungsgrades und des Verformungsmoduls sollte bevorzugt mit der Methode M 2 gemäß ZTV E-StB erfolgen.

- Der Anteil an Gesteinskörnungen < 2 mm muss bei natürlichen Gesteinskörnungen und Hochofenstückschlacke zwischen 23 M.-% und 28 M.-% und bei RC-Material zwischen 21 M.-% und 26 M.-% betragen.
- Bei der Erstprüfung ist die Wasserdurchlässigkeit bei einem Verdichtungsgrad von D_{Pr} = 103 % zu prüfen.
- Bei höheren Anteilen von Asphaltgranulat und/oder Natursand im Baustoffgemisch sind die Auswirkungen auf den CBR-Wert und die Wasserdurchlässigkeit festzustellen und zu optimieren.
- Beim Transport muss das Baustoffgemisch ausreichend feucht sein.
- Wird die STSuB nicht auf frostunempfindlichem Material, sondern auf einer Frostschutzschicht mit einem Verformungsmodul von ≥ 120 MPa eingebaut, muss für die STSuB ein Verformungsmodul von 180 MPa nachgewiesen werden.

Mit Herausgabe der „Hinweise zur Anwendung einer modifizierten Kiestragschicht (KTSuB) im Oberbau von Verkehrsflächen aus Beton" (H KTSuB) durch die FGSV kann diese Art der Tragschicht ohne Bindemittel aus ungebrochenen, natürlichen Gesteinskörnungen im Körnungsbereich 0/32 in den Oberbaukonstruktionen gemäß RStO 12, Tabelle 2, Zeilen 3.1 und 3.2 als Alternative zu der dort ausgewiesenen Schottertragschicht eingesetzt werden. Hierbei sind die Vorgaben der H KTSuB zu den Baugrundsätzen, zum Baustoffgemisch, zu Lagerung und Transport sowie zu Einbau und Verdichtung für die Ausführung einzuhalten.

4.4 Tragschichten mit hydraulischen Bindemitteln 4.4

4.4.1 Terminologie

Im Straßenbau wird der Begriff der Verfestigung sowohl bei Maßnahmen der Bodenbehandlung (Verfestigung nach ZTV-E) als auch bei Tragschichten (Verfestigung nach ZTV-Beton) verwendet. Beide Maßnahmen und Verfahren unterscheiden sich jedoch auf Grund ihrer Lage im Schichtaufbau. Hierbei beziehen sich Verfestigungen nach ZTV E-StB meistens auf die obere Schicht des Unterbaus, Verfestigungen nach ZTV Beton-StB beziehen sich auf Tragschichten mit hydraulischen Bindemitteln im Oberbau (siehe auch Bilder 2.1 und 2.2).

Tragschichten mit hydraulischen Bindemitteln werden nach der Technologie, dem Ausgangsmaterial und dem Mischverfahren unterschieden in:

- *Verfestigung mit hydraulischen Bindemitteln*
  Verfestigungen sind Bauverfahren zur Erhöhung der Widerstandsfestigkeit von Böden oder Baustoffgemischen ungebundener Tragschichten gegen Beanspruchungen durch Verkehr und Klima. Das Einbaugemisch wird nachträglich verdichtet. Dabei werden den Böden und/oder Baustoffgemischen im Baumisch- oder Zentralmischverfahren hydraulische Bindemittel und ggf. Wasser zugemischt.

- Baumischverfahren
  Das Mischgerät fährt auf der für die Verfestigung vorbereiteten Schicht; es reißt diese auf und mischt das vorgesehene hydraulische Bindemittel und das noch erforderliche Wasser ein.
- Zentralmischverfahren
  Der Boden oder das Gesteinskörnungsgemisch wird mit dem vorgesehenen Bindemittel und dem Wasser (Zugabewasser) in stationären Mischanlagen gemischt, zur Baustelle transportiert und dort eingebaut.

› *Hydraulisch gebundene Tragschichten*
(HGT, ausschließlich im Zentralmischverfahren hergestellt)
Hydraulisch gebundene Tragschichten (HGT) bestehen aus ungebrochenen und/oder gebrochenen Baustoffgemischen und hydraulischen Bindemitteln. Die Korngrößenverteilung muss innerhalb vorgegebener Sieblinienbereiche liegen. Das Einbaugemisch muss in einer Mischanlage hergestellt werden.

› *Betontragschichten*
Betontragschichten sind Tragschichten aus Beton nach TL Beton-StB bzw. DIN EN 206-1 und DIN 1045-2.

4.4.2 Gebrauchseigenschaften

Für die Beurteilung des Tragverhaltens von Tragschichten mit hydraulischen Bindemitteln sind das Festigkeits- und das Verformungsverhalten maßgebend. Bezugsgröße gemäß ZTV/TL Beton-StB ist die Druckfestigkeit.

In Bild 4.5 ist beispielhaft das Festigkeits- und Verformungsverhalten einer HGT dargestellt (Kiessand 0/32 mm, 3 M.-% < 0,063 mm, Bindemittelgehalte von 2, 3, 4 und 6 M.-%, Einbauwassergehalte W_{opt} und W_{opt-1}, Verdichtungsgrade 98–103 % Proctordichte).

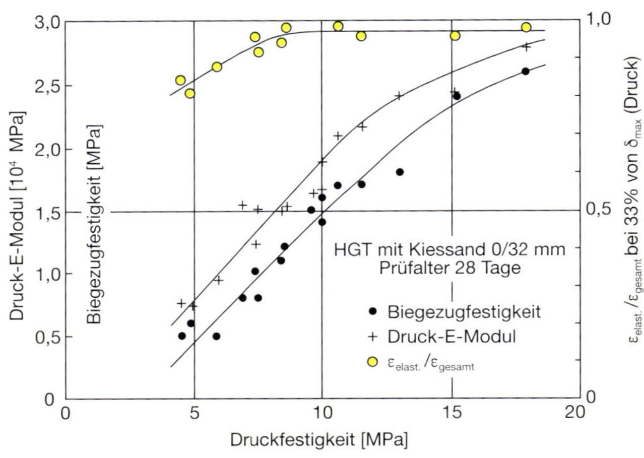

Bild 4.5: Zusammenhang zwischen Druckfestigkeit, Biegezugfestigkeit und Verformungskenngrößen von HGT (Bonzel, J.)

Tafel 4.4: Anforderungen an das Baustoffgemisch für Verfestigungen und HGT bei der Erstprüfung nach TL Beton-StB

Zeile	Art der Böden und/oder der Baustoffgemische	Frostwiderstand (Längenänderung) [‰]	Druckfestigkeit im Alter von 28 Tagen [MPa] unter Asphaltschichten	unter Fahrbahndecken aus Beton
(1)	(2)	(3)	(4)	(5)
1	Feinteile in Böden und/oder Baustoffgemischen ≤ 5 M.-%	–	7,0	≥15,0
2	Feinteile in Böden und/oder Baustoffgemischen > 5 und ≤ 15 M.-%	Δl ≤ 1,0		

Eine HGT gilt als frostsicher wenn sie

- mindestens 3 M.-% Bindemittel enthält,
- der optimale Wassergehalt beim Einbau nicht überschritten wird,
- ein Verdichtungsgrad von mehr als 98 % Proctordichte erreicht wird,
- die Sieblinienbereiche eingehalten werden und der Kornanteil < 0,063 mm ≤ 5,0 M.-% beträgt.

Enthält die HGT Mürbkorn oder liegt der Anteil < 0,063 mm zwischen 5 und 15 M.-%, muss der Frostwiderstand geprüft werden. Ein Kornanteil < 0,063 mm über 15 M.-% ist nicht zulässig. Als Mürbkorn werden alle schiefrigen, angewitterten, rissigen, schlecht konglomeratisch verfestigten, absandenden Körner und freie Glimmerschüppchen, sowie alle Körner, die bei der Prüfung als mürbe erkannt werden, bezeichnet.

Frostsichere HGT ergeben sich z. B. bei Feinststoffgehalten und Druckfestigkeiten wie in Tafel 4.5 aufgeführt.

Bild 4.6 zeigt den Zusammenhang zwischen dem elastischen Verhalten einer HGT und dem Bindemittelgehalt.

Maßgender Grenzwert für einen hohen Frostwiderstand ist eine Längenänderung nach Frostbelastung von < 1 ‰. Ein ausreichender Frostwiderstand ist im Allgemeinen

Tafel 4.5: Anhaltswerte zu Feinstoffgehalten und Druckfestigkeiten für frostsichere HGT (Bonzel, J.)

Feinststoffgehalt [M.-%]	Druckfestigkeit [MPa]
5	2,5 bis 3
10	4 bis 5
15	5 bis 5,5

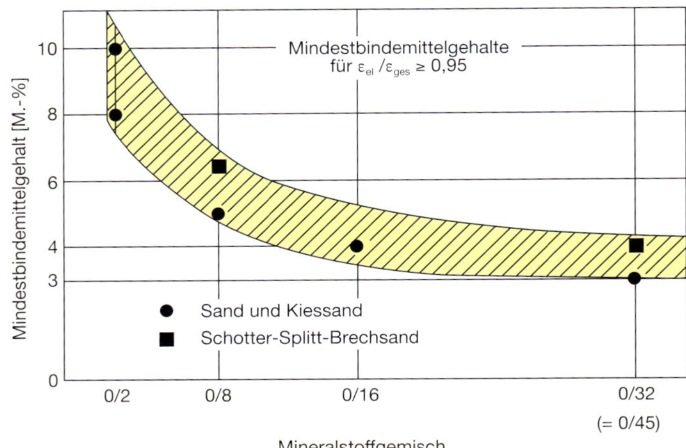

Bild 4.6: Abhängigkeit der für das elastische Verhalten verantwortlichen Bindemittelgehalte vom Mineralstoffgemisch

erreicht, wenn nach 7 Tagen eine Druckfestigkeit von mindestens 5 MPa nachgewiesen wird.

Die Wasserdurchlässigkeit von HGT liegt zwischen 2,5 x 10^{-5} und 3,0 x 10^{-10} m/s. HGT sind demzufolge gering wasserdurchlässig bis wasserdicht.

Ein ausreichender Erosionswiderstand gegen rotierende Bürsten wird bei üblichen HGT ab Druckfestigkeiten von 10 MPa erreicht. Bei höheren Druckfestigkeiten der HGT, insbesondere wenn die Druckfestigkeit nach 28 Tagen 12 bzw. 15 MPa übersteigt, wird ein höherer Frost- und Erosionswiderstand erreicht.

HGT können entweder nass nachbehandelt, mit Folien oder wasserhaltenden Abdeckungen abgedeckt sowie durch Aufbringen einer Bitumenemulsion U 60 mit 0,5 kg/m² vor Feuchtigkeitsverlusten geschützt werden.

4.5 4.5 Verfestigungen und hydraulisch gebundene Tragschichten

4.5.1 Anforderungen an die Ausgangsstoffe

4.5.1.1 Böden und Gesteinskörnungen

Für Verfestigungen können verwendet werden:

- grobkörnige Böden nach DIN 18196
- gemischtkörnige Böden der Gruppen GU, SU, GT und ST, wenn sie der Frostempfindlichkeitsklasse F1 entsprechen,
- Gesteinskörnungen, die die Anforderungen des Anhangs G der TL Gestein-StB erfüllen

Liegt der Kornanteil < 0,063 mm zwischen 5 M.-% und 15 M.-%, muss bei der Erstprüfung der ausreichende Frostwiderstand des erhärteten Einbaugemisches durch eine Frostprüfung nachgewiesen werden.

Böden für Verfestigungen werden nach den TL G SoB-StB güteüberwacht.

Die Verwertung von Asphaltgranulat in Tragschichten mit hydraulischen Bindemitteln ist in der TL Beton-StB, Anhang G geregelt. Ab 2015 wurde die Wiederverwendung teer- und pechhaltiger Granulate im Straßenbau seitens des BMVI mit ARS 16/2015 eingestellt und ist seither nicht mehr gängige Praxis.

Tafel 4.6: Anforderungen an Gesteinskörnungen für Tragschichten mit hydraulischen Bindemitteln nach TL Gestein-StB

<table>
<tr><th>Eigenschaft</th><th>Verfestigung</th><th>hydraulisch gebundene Tragschicht</th><th>Betontragschicht</th></tr>
<tr><td>stoffliche Kennzeichnung</td><td colspan="3">Bestimmung der gesteinskundlichen Merkmale nach DIN EN 932-3</td></tr>
<tr><td>Feinanteil in Korngruppen 0/2 und 0/5</td><td colspan="2" rowspan="2">ist anzugeben, zulässige Feinanteile im Baustoffgemisch dürfen nicht überschritten werden</td><td>f_3</td></tr>
<tr><td>Feinanteil in Korngruppen 2/4 und 32/63</td><td>f_1</td></tr>
<tr><td>Kornform von groben Gesteinskörnungen</td><td colspan="3">SI_{50} (FI_{50})</td></tr>
<tr><td colspan="4">Korngrößenverteilung</td></tr>
<tr><td rowspan="2">Korngruppen/Lieferkörnungen</td><td colspan="2">G_f80 für 0/5</td><td>G_f85</td></tr>
<tr><td colspan="3">$G_C80/20$ für 5/11, 111/22, 22/32, 32/45 und 45/56</td></tr>
<tr><td>Korngruppen/Lieferkörnungen</td><td colspan="3">$G_C85/20$ für 2/4, 4/8, 8/16, 16/32 und 32/64
$G_C90/15$ für 5/8, 8/11, 11/16 und 16/22</td></tr>
<tr><td>Zusammengefasste Korngruppen</td><td colspan="3">bei D/d < 4: $GT_c20/15$; bei D/d ≥ 4: $GT_C20/17,5$
für Körnungen nach DIN EN 13242: GT_{NR}</td></tr>
<tr><td>Toleranzen für Korngruppen</td><td colspan="2">GT_ANR</td><td>Toleranzen nach Tab. 4, Zeile 1 + 2 der TL Gestein</td></tr>
<tr><td>Rohdichte</td><td colspan="3">ist anzugeben</td></tr>
<tr><td>Wasseraufnahme</td><td colspan="3">W_{cm} 0,5</td></tr>
<tr><td>Widerstand gegen Frost</td><td colspan="3">F4</td></tr>
<tr><td>Sonnenbrand von Basalt</td><td colspan="3">SB_{SZ} (SB_{IA})</td></tr>
<tr><td>organische Verunreinigungen</td><td colspan="3">m_{LPC} NR</td></tr>
<tr><td>Dicalciumsilikatzerfall bei HOS oder GKOS</td><td colspan="3">kein Zerfall</td></tr>
<tr><td>Eisenzerfall bei HOS oder GKOS</td><td colspan="3">kein Zerfall</td></tr>
<tr><td>Raumbeständigkeit SWS</td><td colspan="2">V_5</td><td>SWS nicht einsetzbar</td></tr>
<tr><td>erstarrungs- und erhärtungsstörende Bestandteile</td><td colspan="3">sind nachzuweisen</td></tr>
<tr><td>umweltrelevante Merkmale</td><td colspan="3">Bei industriell hergestellten Gesteinskörnungen und RC-Baustoffen sind die Anforderungen an die umweltrelevanten Merkmale einzuhalten.</td></tr>
</table>

Tafel 4.7: Anwendungsbereiche für industriell hergestellte oder rezyklierte Gesteinskörnungen (Holcim)

Baustoffe	SFA	HOS, HS, CUG, CUS, GKOS, SKG, Lavaschlacke	SWS	RC[1)]	HMCA
Belastungsklasse	Bk100 bis Bk0,3	Bk100 bis Bk0,3	Bk100 bis Bk0,3	Bk100 bis Bk0,3	Bk100 bis Bk0,3
Verfestigungen	als Zusatz zur Gesteinskörnung	als Gesteins-körnung	als Gesteins-körnung	als Gesteins-körnung	eingeschränkt[2)]
hydraulisch gebundene Tragschichten	als Zusatz zur Gesteinskörnung	als Gesteins-körnung	als Gesteins-körnung	als Gesteins-körnung	[3)]
Betontrag-schichten	als Zusatzstoff	als Gesteins-körnung	[3)]	als Gesteins-körnung	[3)]

SFA: Steinkohlenflugasche
HOS: Hochofenstückschlacke
HS: Hüttensand
CUG/CUS: Schlacke aus der Kupfererzeugung
GKOS: Gießerei-Kupolofenstückschlacke
SKG: Schmelzkammergranulat
SWS: Stahlwerkschlacke
RC: Recyclingbaustoff
HMVA: Hausmüllverbrennungsasche

[1)] Rezyklierte Gesteinskörnungen, die dem „Merkblatt zur Wiederverwendung von Beton aus Fahrbahndecken" entsprechen, können für Tragschichten mit hydraulischen Bindemitteln verwendet werden.
[2)] gemäß Merkblatt über die Verwertung von Hausmüllverbrennungsasche im Straßenbau – M HMV-A
[3)] nicht anzuwenden

Für hydraulisch gebundene Tragschichten können verwendet werden:

- natürliche, gebrochene und ungebrochene Gesteinskörnungen. Gesteinskörnungen und Baustoffgemische für Tragschichten mit hydraulischen Bindemitteln müssen den Anforderungen der TL Gestein-StB entsprechen. Sie werden nach TL G SoB-StB güteüberwacht.
- künstliche Gesteinskörnungen (SFA, HOS, HS, SWS, CUG, GUS, GKOS, SKG und Lavaschlacke) und SFA als Zusatzstoff bzw. als Zusatz zum Baustoffgemisch. Werden industriell hergestellte oder rezyklierte Gesteinskörnungen und Lavaschlacken eingesetzt, sind die Anwendungsbereiche gemäß Tafel 4.7 zu beachten.
- rezyklierte Gesteinskörnungen, die dem „Merkblatt über den Einsatz von rezyklierten Baustoffen im Erd- und Straßenbau (M RC)" entsprechen.

Die Verwendung von Asphaltgranulaten ist in den TL Beton-StB geregelt.

4.5.1.2 Hydraulische Bindemittel und weitere Ausgangsstoffe

Als Bindemittel können Zemente nach DIN EN 197-1 entsprechend Tafel 4.8 oder hydraulische Tragschichtbinder nach DIN EN 13282-1 entsprechend Tafel 4.9 verwendet werden. In Deutschland werden üblicherweise Tragschichtbinder der Festigkeitsklasse E4 eingesetzt.

Als Zugabewasser eignet sich jedes in der Natur vorkommende Wasser, das den Anforderungen von DIN EN 1008 genügt. Für Tragschichten mit hydraulischen Bindemitteln darf auch Restwasser entsprechend den Regelungen in DIN EN 206-1, DIN 1045-2 und DIN EN 1008 verwendet werden.

Tafel 4.8: Zemente für Tragschichten nach TL Beton-StB

Hauptzementarten	Bezeichnung der Zementarten		Hauptbestandteile
CEM I	Portlandzement		
CEM II	Portlandhüttenzement	A/B	S Hüttensand
	Portlandsilicastaubzement	A	D Silicastaub
	Portlandpuzzolanzement	A/B	P/Q Puzzolane
	Portlandflugaschezement	A	V Flugasche
	Portlandschieferzement	A/B	T Schiefer
	Portlandkalksteinzement	A	LL Kalkstein
CEM II-M	Portlandkompositzement	A	S-D, S-T, S-LL
			S-P, S-V
			D-T, D-LL, D-P
			D-V
			T-LL
			P-V, P-T, P-LL
			V-T, V-LL
		B	S-D, S-T, S-P
			D-T, D-P
			P-T
CEM III	Hochofenzement	A	S
		B	S
CEM IV	Puzzolanzement	B	P [1]
CEM V	Kompositzement	A	S-P [2]
		B	

[1] gilt nur für Trass nach DIN 51043 als Hauptbestandteil bis max. 40 %
[2] gilt nur für Trass nach DIN 51043 als Hauptbestandteil

Tafel 4.9: Festigkeitsanforderungen für Tragschichtbinder nach DIN EN 13832-1

Festigkeitsklasse	Druckfestigkeit [MPa]		
	nach 7 Tagen	nach 28 Tagen	
E 2	≥ 5,0	≥ 12,5	≤ 32,5
E 3	≥ 10,0	≥ 22,5	≤ 42,5
E 4 [1]	≥ 16,0	≥ 32,5	≤ 52,5
E 4-RS	≥ 16,0	≥ 32,5	–

[1] in Deutschland übliche Festigkeitsklasse

Tafel 4.10: Tabellarische Zusammenstellung der Anforderungen an Tragschichten mit hydraulischen Bindemitteln nach ZTV Beton-StB

<table>
<tr><th rowspan="2"></th><th colspan="2">Verfestigung</th><th rowspan="2">hydraulisch gebundene Tragschicht</th><th rowspan="2">Betontragschicht</th></tr>
<tr><th>Baumisch-verfahren</th><th>Zentralmisch-verfahren</th></tr>
<tr><td>Verdichtungsgrad der zur Verfestigung vorgesehenen Schicht</td><td>≥ 100 %[1]</td><td>–</td><td>–</td><td>–</td></tr>
<tr><td>Verdichtungsgrad der verfestigten Schicht</td><td colspan="3">≥ 98 %[1]</td><td></td></tr>
<tr><td>Abweichung der Oberfläche von der Sollhöhe (profilgerechte Lage)</td><td colspan="4">≤ ± 1,5 cm[2]
höchstens + 0,5 cm und – 1,5 cm[3]</td></tr>
<tr><td>Ebenheit</td><td colspan="4">≤ 1,5 cm / 4 m</td></tr>
<tr><td>zul. Abweichung Einbaudicke[6] / Einbaugewicht[7]</td><td colspan="3">Einzelwerte ≤ 3,0 cm i.M. ≤ 10 %</td><td>Einzelwerte
≤ 2,5 cm
i.M. ≤ 10 %</td></tr>
<tr><td>Druckfestigkeit im Rahmen der Erstprüfung</td><td colspan="3">7,0 MPa[4) 8) 9)]
≥ 15,0 MPa[3) 8) 9)]</td><td>f_{ck}</td></tr>
<tr><td>Druckfestigkeit im Rahmen der Kontrollprüfung</td><td colspan="3">≥ 3,5 MPa[4) 10)]
n = 1 ≥ 6,0 MPa[3) 8) 9)]
n = 8 ≥ 8,0 MPa[3) 8) 11)]
n = 9 ≥ 10,0 MPa[3) 8) 11)]</td><td>$f_{ci} \geq f_{ck} - 4$ MPa
$f_{cm} \geq f_{ck} + 4$ MPa</td></tr>
<tr><td>Festigkeitsklasse</td><td>–</td><td>–</td><td>–</td><td>C12/15 bis C20/25</td></tr>
<tr><td>Frostwiderstand bei Kornanteil < 0,063 mm zwischen 5 und 15 M.-%</td><td colspan="3">Längenänderung ≤ 1 ‰</td><td>–</td></tr>
<tr><td>Mindestbindemittel-menge</td><td colspan="3">> 3,0 M.-%</td><td>–</td></tr>
</table>

1) Proctordichte
2) allgemeine Forderung
3) erhöhte Forderung unter Fahrbahndecken aus Beton;
4) unter Asphaltbefestigungen
5) keine Anforderungen unter Fahrbahndecken aus Beton
6) Als Einbaudicke gilt das arithmetische Mittel aller Einzelwerte der Einbaudicke für die jeweilige Schicht über das gesamte Baulos
7) i. d. R. als Mittelwert über das gesamte Baulos, es können jedoch auch Mittelwerte für Teilabschnitte, die mindestens eine Tagesleistung entsprechen müssen gebildet werden
8) geprüft am Proctorkörper H / D = 125 / 150 mm; werden Probekörper mit H / D = 120 / 100 mm geprüft, sind die dabei ermittelten Druckfestigkeitswerte mit 1,25 zu multiplizieren um mit den Tabellenwerten vergleichbar zu sein
9) Mittelwert aus drei zusammengehörenden Probekörpern deren Einzelwerte um nicht mehr als ± 2,0 MPa vom Mittelwert abweichen
10) Einzelwert
11) Mittelwert
12) Als Bindemittelmenge gilt das arithmetische Mittel aller Einzelwerte der Bindemittelmenge der Verfestigung über das gesamte Baulos, bei der Ermittlung des Mittelwertes dürfen Mehrmengen nur bis 15 % rel. über dem Sollwert berücksichtigt werden.
13) bei Verdichtung mit Innenrüttlern ≥ 15 cm
14) Der Anteil < 0,063 mm darf den bei der Erstprüfung festgelegten und um den Bindemittelgehalt erhöhten Wert um nicht mehr als 2,0 M.-% überschreiten.

Fortsetzung **Tafel 4.10:** Tabellarische Zusammenstellung der Anforderungen an Tragschichten mit hydraulischen Bindemitteln nach ZTV Beton-StB

	Verfestigung		hydraulisch gebundene Tragschicht	Betontragschicht
	Baumisch-verfahren	Zentralmisch-verfahren		
Bindemittelmenge im Rahmen der Kontrollprüfung [12)]	i.M. – 5 bis + 8 % rel. Einzelwerte – 10 bis + 15 % rel. [4) 5)]	–	–	–
Mindestdicke jeder Schicht oder Lage	15 cm (≤ 0/45) 20 cm (> 0/45)	12 cm (≤ 0/32) 15 cm (0/45) 20 cm (> 0/45)	12 cm (0/32) 15 cm (0/45)	12 cm [13)]
Anforderungen an die Kornverteilung	–	–	< 0,063 mm ≤ 15 M.-%, > 2 mm zwischen 55 und 84 M.-%, gröbste Kornklasse ≥ 10 M.-%, Überkorn ≤ 10 M.-%	nach DIN 1045 bzw. DIN EN 206
zul. Abweichung von der in der Erstprüfung festgelegten Kornverteilung [M.-%]	–	–	bei 2 mm, 8 mm und 16 mm ± 8 M.-% < 0,063 mm [14)]	–

Betonzusatzmittel müssen die Anforderungen der DIN EN 934-2 erfüllen oder eine allgemeine bauaufsichtliche Zulassung besitzen.

Betonzusatzstoffe müssen die Anforderungen der DIN EN 450, der DIN EN 12620 für Füller erfüllen oder eine bauaufsichtliche Zulassung besitzen. Weitergehende Festlegungen der DIN EN 206-1 und der DIN 1045-2 sind zu beachten.

Die Kornverteilung von Böden kann durch Zugabe von Steinkohlenflugasche nach DIN EN 450-1verbessert werden.

Die Anforderungen an Tragschichten mit hydraulischen Bindemitteln nach den TL Beton-StB sind in Tafel 4.10 zusammengestellt.

4.5.2 Ausführung von Verfestigungen

4.5.2.1 Herstellung

Die Zusammensetzung des Einbaugemisches ist in einer Erstprüfung zu ermitteln.

Jede Schicht oder Lage einer Verfestigung ist so herzustellen, dass ihre Güteeigenschaften gleichmäßig sind und die gestellten Anforderungen erfüllt werden.

Fugen an Arbeitsabschnitten (Tagesabschnitte) sind über die gesamte Einbaudicke senkrecht auszubilden. Vor dem Einbau einer Anschlussbahn an eine bereits erhärtete Verfestigung sind alle lockeren Bestandteile zu entfernen.

Weitere Lagen und Schichten dürfen auf eine frisch eingebaute Verfestigung aufgebracht werden, wenn die Verfestigung nicht unzulässig verdrückt wird und der Verfestigung das zur Erhärtung notwendige Wasser nicht entzogen wird.

Verfestigungen können im Baumisch- oder im Zentralmischverfahren hergestellt werden.

Zuerst ist die für die Verfestigung vorgesehene Schicht auf das herzustellende Profil abzugleichen. Gleichzeitig ist die Schicht solange zu verdichten, bis der vorgesehene Verdichtungsgrad erreicht ist. Dabei ist darauf zu achten, dass der optimale Wassergehalt für die Verfestigung nicht überschritten und der vorgesehene Verdichtungsgrad nicht unterschritten wird.

Im Baumischverfahren wird dem zur Verfestigung vorgesehenen und verdichteten Boden oder Baustoffgemisch an Ort und Stelle die erforderliche Zement- bzw. Bindemittelmenge mit einer Fräse zugemischt. Die in der Erstprüfung bestimmte Bindemittelmenge wird mittels eines Streuers mit Dosiereinrichtung ausgestreut.

Nachfolgend wird das Bindemittel mit geeigneten Hochleistungsfräsen untergemischt. Noch fehlendes Wasser ist erst nach dem ersten Mischgang oder bei Eingangsmischern während des Mischgangs zuzugeben. Die Wasserzugabe erfolgt entweder durch Wassersprengwagen oder durch einen Sprühbalken in der Frästrommel.

Die Durchmischung der vorgesehenen Schicht mit dem Bindemittel muss so gewählt und aufeinander abgestimmt werden, dass die Verfestigung über den gesamten Querschnitt zügig in der Verarbeitungszeit des Einbaugemischs hergestellt wird. Bei Verwendung von Normalzementen oder Tragschichtbindern sollte die Verdichtung bei Temperaturen bis 20 °C nach maximal 2 h und bei höheren Temperaturen nach maximal 1,5 h abgeschlossen sein.

Werden Verfestigungen in einzelnen, nebeneinander liegenden Bahnen hergestellt, ist Frisch-in-Frisch zu arbeiten. Die jeweils fertig gestellte benachbarte Bahn ist auf mindestens 20 cm Breite überlappend mit durchzufräsen und gemeinsam mit der neuen Anschlussbahn zu verdichten.

Beim Zentralmischverfahren wird der Boden oder das Baustoffgemisch in Mischanlagen mit der erforderlichen Bindemittelmenge und dem Zugabewasser vermischt. Freifallmischer sind nicht zugelassen. Es muss so lange gemischt werden, bis Bindemittel und Wasser gleichmäßig mit dem Boden- oder Baustoffgemisch vermischt sind und das Einbaugemisch einen einheitlichen Farbton aufweist. Das fertige Einbaugemisch ist gegen Witterungseinflüsse geschützt auf die Baustelle zu transportieren.

4.5.2.2 Einbau und Verdichtung

Wird mit dem Baumischverfahren gearbeitet, befindet sich das frische, verdichtungsfähige Einbaugemisch an Ort und Stelle.

Die im Zentralmischverfahren hergestellten Einbaugemische werden von der Mischanlage zur Einbaustelle transportiert. Das Gemisch muss bei größeren Transportentfernungen oder bei ungünstiger Witterung mit Planen abgedeckt werden. Das Einbaugemisch kann mit Straßenfertigern, Gradern oder Planierraupen eingebaut werden.

Vor dem Einbau ist die Unterlage auf die erforderliche Höhe abzugleichen und im Allgemeinen anzufeuchten, um den Entzug von Wasser aus dem einzubauenden Einbaugemisch zu verhindern.

Das Einbaugemisch ist so gleichmäßig einzubauen, dass keine Entmischungen auftreten und die geforderte Schichtdicke, Ebenheit der Oberfläche und der vorgeschriebene Verdichtungsgrad erreicht werden.

Die Mindesteinbaudicke jeder Schicht oder Lage muss im verdichteten Zustand, abhängig vom Größtkorn und der Art der Einbaugemische, folgende Werte aufweisen:

- bei Gemischen 0/32 mm 12 cm
- bei Gemischen 0/45 mm 15 cm
- bei Gemischen > 0/45 mm 20 cm
- bei Betontragschichten mindestens 12 cm

Soll ein Lagenverbund erreicht werden, muss Frisch-in-Frisch eingebaut werden. Eine bereits verdichtete, aber noch frische Einbaulage ist vor dem Aufbringen der nächsten Lage aufzurauen.

Foto: Dittus

Bild 4.7: Verdichtung mit Gummiradwalze

Zur Verdichtung der Einbaugemische werden (wahlweise oder in Kombination) eingesetzt:

- Gummiradwalzen, Gewicht zwischen 12 und 32 t
- Walzenzüge, Gewicht zwischen 6 und 16 t
- Großflächenrüttler

Hydraulisch gebundene Tragschichten und Verfestigungen mit hydraulischen Bindemitteln sind nachzubehandeln (siehe auch Kap. 4.6.5).

Der Verdichtungsgrad D_{pr} der beim Baumischverfahren zur Verfestigung vorgesehenen Schicht muss mindestens 100 % der Proctordichte des Bodens oder des Baustoffgemisches betragen.

Der Verdichtungsgrad D_{pr} der verdichteten, noch nicht erstarrten Schicht muss mindestens 98 % der Proctordichte des Einbaugemisches betragen.

4.5.3 Ausführung von hydraulisch gebundenen Tragschichten

4.5.3.1 Anforderungen an das Einbaugemisch

Die Zusammensetzung des Einbaugemischs ist im Rahmen der Erstprüfung festzulegen.

Die Gesteinskörnungsanteile über 2 mm, 8 mm und 16 mm des Einbaugemisches dürfen gegenüber der Erstprüfung, bezogen auf das trockene Baustoffgemisch, um maximal 8,0 M.-% über- oder unterschritten werden. Der Kornanteil des trockenen Baustoffgemisches unter 0,063 mm darf um nicht mehr als 2,0 M.-% überschritten werden.

Bei hydraulisch gebundenen Tragschichten ist die Bindemittelmenge ist so zu wählen, dass die mittlere Druckfestigkeit von drei Probekörpern (H = 125 mm, D = 150 mm) in der Erstprüfung für den Einsatz beträgt:

- unter Asphaltdecken 7,0 MPa
- unter Betondecken ≥ 15,0 MPa

Die Einzelwerte der Druckfestigkeit dürfen den zugehörigen Mittelwert bei der Erstprüfung um nicht mehr als 2,0 MPa über- oder unterschreiten.

Die Kriterien für die Bestimmung der Bindemittelmenge bei der Erstprüfung sind in Tafel 4.4 zusammengefasst.

4.5.3.2 Herstellung, Transport und Einbau

Das Einbaugemisch für hydraulisch gebundene Tragschichten wird entsprechend der Erstprüfung im Zentralmischverfahren hergestellt.

Das Einbaugemisch wird in Lastkraftwagen zur Einbaustelle gebracht. Bei ungünstiger Witterung sowie bei größeren Transportentfernungen muss es mit Planen abgedeckt werden.

Das Einbaugemisch ist so zu fördern und einzubauen, dass keine Entmischung eintritt.

Foto: Dittus

Bild 4.8: Einbau einer hydraulisch gebundenen Tragschicht unter Verwendung von Ausbaustoffen (Einbau mit Grader)

Das Einbaugemisch wird in der Regel mit Fertigern eingebaut. Wird an bereits vorhandenen Bahnen einer hydraulisch gebundenen Tragschicht angebaut, so sind senkrechte Fugen auszubilden und an den Kanten vorhandene, lockere Bestandteile der erhärteten Tragschicht zu beseitigen.

Weitere Schichten oder Lagen dürfen auf die Tragschicht aufgebracht werden, wenn beim Einbau keine unzulässigen Verdrückungen der erhärtenden Tragschicht auftreten und das für die Erhärtung notwendige Wasser nicht entzogen wird.

Zur Verdichtung der Einbaugemische werden (wahlweise oder in Kombination) eingesetzt:

- Gummiradwalzen, Gewicht zwischen 12 und 32 t
- Walzenzüge, Gewicht zwischen 6 und 16 t
- Großflächenrüttler

4.5.3.3 Anforderungen an die fertige Schicht

Eine noch nicht erstarrte und verdichtete, hydraulisch gebundene Tragschicht muss mindestens einen Verdichtungsgrad von 98 % aufweisen.

Unter Fahrbahndecken aus Beton darf die Druckfestigkeit der hydraulisch gebundenen Tragschicht nach 28 Tagen bei der Kontrollprüfung

- 6,0 MPa im Einzelwert und
- 8,0 MPa im Mittelwert aus weniger als 9 zusammengehörigen Einzelwerten bzw.
- 10,0 MPa im Mittelwert aus mehr als 8 zusammengehörigen Einzelwerten,

ermittelt am Zylinder mit H = 125 mm und D = 150 mm, nicht unterschreiten.

Unter Asphaltdecken darf die Druckfestigkeit der hydraulisch gebundenen Tragschicht nach 28 Tagen bei der Kontrollprüfung, ermittelt am Zylinder mit H = 125 mm und D = 150 mm, folgende Werte nicht unterschreiten:

- 3,5 MPa im Einzelwert und
- 8,0 MPa im Mittelwert aus weniger als 9 zusammengehörigen Einzelwerten bzw.
- 10,0 MPa im Mittelwert aus mehr als 8 zusammengehörigen Einzelwerten

4.5.4 Ausführung von Betontragschichten

Für die in Betontragschichten eingesetzten Gesteinskörnungen und Zemente gelten die gleichen Anforderungen, wie für eine hydraulisch gebundene Tragschicht (siehe Kapitel 4.5.1.2 und Tafel 4.8). Der Beton muss einer Festigkeitsklasse zwischen C12/15 und C20/25 nach DIN EN 206-1/DIN 1045-2 entsprechen.

Betontragschichten sind gemäß ZTV Beton-StB herzustellen und mindestens 3 Tage nachzubehandeln.

Der Beton ist in der Regel mit Fertigern gleichmäßig und vollständig verdichtet einzubauen. Falls erforderlich, ist auch ein Handeinbau möglich. Papierlagen oder Folien unter der Betontragschicht sind nicht erforderlich. Die Unterlage unter der Betontragschicht ist ggf. anzufeuchten, wenn mit einem Entzug der Feuchte aus der Betontragschicht gerechnet werden muss. Weitere Schichten oder Lagen dürfen auf die Betontragschicht aufgebracht werden, wenn diese ausreichend erhärtet ist.

4.5.5 Nachbehandlung

Tragschichten mit hydraulischen Bindemitteln sind mindestens 3 Tage nachzubehandeln, sofern die Tragschicht nicht unmittelbar nach dem Einbau mit einer weiteren Lage oder Schicht überbaut wird.

Möglichkeiten der Nachbehandlung:

- Nassnachbehandlung
- Ansprühen mit einer lösemittelfreien Bitumenemulsion C60B1-N nach TL BE-StB
- Abdecken mit einer Folie
- Aufbringen einer wasserhaltenden Abdeckung

Bei einer Nassnachbehandlung muss die verfestigte Schicht nach dem Einbau und der Verdichtung durch Aufsprühen von Wasser mindestens 3 Tage lang feucht gehalten werden.

Bei der Verwendung einer lösemittelfreien Bitumenemulsion C60B1-N nach TL BE-StB ist die Emulsion sofort nach Eintreten des mattfeuchten Zustandes der verdichteten Tragschicht gleichmäßig und in geeigneter Menge aufzusprühen. Die Auftragsmenge ist in Vorversuchen zu ermitteln. Hierbei soll ein dünner, geschlossener Film entstehen.

Foto: Dittus

Bild 4.9: Nassnachbehandlung auf der BAB A8 mit speziellem Fahrzeug

Soll die angesprühte Schicht frühzeitig befahren werden, ist sie noch vor Beginn des Brechvorgangs mit einer gebrochenen Gesteinskörnung 2/5 mm ausreichend abzustreuen. Das Abstreugut ist vor dem Befahren mit Walzen anzudrücken.

Wasserhaltende Abdeckungen sind so zu wählen und zu unterhalten, dass die abgedeckte Fläche für mindestens 3 Tage feucht gehalten wird (Folie, Jutetuch unter Folie o. Ä.).

Die Nachbehandlung mit Betonnachbehandlungsmitteln nach TL NBM-StB ist ungeeignet.

Eine Nachbehandlung kann entfallen, wenn auf die noch frische, verdichtete Schicht Asphaltmischgut aufgebracht wird. Das Gefüge der Tragschicht mit hydraulischen Bindemitteln darf dabei allerdings nicht gestört werden.

4.5.6 Ausführung bei niedrigen/hohen Temperaturen und Frost

Die Herstellung von Tragschichten auf gefrorener Unterlage und der Einbau gefrorener Baustoff- und Einbaugemische sind nicht zulässig.

Einbaugemische für Tragschichten mit hydraulischen Bindemitteln dürfen nur mit einer Temperatur von > 5 °C verarbeitet werden. Ist in den ersten 7 Tagen nach Herstellung der Tragschicht mit Frost zu rechnen, muss die Tragschicht so geschützt werden, dass keine Schäden auftreten können.

Wenn während des Einbaus von Betontragschichten Temperaturen unter 5 °C oder über 25 °C zu erwarten sind, sind entsprechende Maßnahmen gemäß ZTV Beton-StB vorzusehen. Bei Lufttemperaturen unter 5 °C Temperaturen darf die Betontemperatur für mindestens drei Tage nicht unter 5 °C sinken. Bei Lufttemperaturen über 25 °C darf die Frischbetontemperatur 30 °C nicht überschreiten.

4.5.7 Kerben und Fugen

Alle Tragschichten mit Bindemittel müssen von festen Einbauten durch eine Raumfuge getrennt werden.

Zur Vermeidung von Reflexionsrissen in der Deckschicht sowie der Erosion der Tragschicht ist zwischen einer Tragschicht mit hydraulischen Bindemitteln und der Betondecke ein Vlies anzuordnen. Wenn positive Erfahrungen nachgewiesen werden, können auch Bauweisen ohne Vliesstoff zur Anwendung kommen. Alternativ zum Einlegen eines Vliesstoffs kann auch eine Asphaltzwischenschicht (AZSuB) gewählt werden.

Werden Beton- oder Asphaltdeckschichten ohne Zwischenlage direkt auf einer hydraulisch gebundenen Tragschicht (HGT) ausgeführt, ist die HGT zu kerben oder durch Scheinfugen zu trennen. Der Abstand der Kerben oder Scheinfugen beträgt im Allgemeinen maximal 5 m. Bei Asphaltüberbauungen mit weniger als 14 cm Dicke beträgt der maximale Kerbabstand 2,5 m. Unter einer Betondeckschicht sind die Kerben entsprechend dem Fugenplan der Deckschicht herzustellen. Hierbei sind Abweichungen bis zu 10 cm zulässig.

Gemäß ZTV Beton-StB muss die Kerbtiefe mindestens 35 % der planmäßigen Einbaudicke betragen. Die Anordnung der Kerben in Längs- bzw. Querrichtung in der Tragschicht ist von der Bauweise der darüberliegenden Schicht abhängig.

Die Fugen der Arbeits- und Tagesabschnitte sind über die gesamte Einbaudicke senkrecht auszubilden. Arbeitsfugen sind als Pressfugen auszubilden.

Foto: Dittus

Bild 4.10: Längs-und Querfugen in einer hydraulisch gebundenen Tragschicht

4.5.8 Profilgerechte Lage, Ebenheit und Toleranzen nach ZTV Beton-Stb

Die Oberfläche der Tragschichten mit hydraulischen Bindemitteln darf nicht mehr als ± 1,5 cm von der Sollhöhe abweichen. An Tragschichten mit hydraulischen Bindemitteln unter Fahrbahndecken aus Beton darf die Abweichung von der Sollhöhe nicht mehr als + 0,5 cm oder - 1,5 cm betragen.

Die Unebenheiten der Oberfläche von Verfestigungen und hydraulisch gebundenen Tragschichten innerhalb einer 4 m langen Messstrecke dürfen nicht größer als 1,5 cm sein.

Die Unebenheiten der Oberfläche von Betontragschichten innerhalb einer 4 m langen Messstrecke dürfen nicht größer als 1,0 cm sein.

Der vorgeschriebenen Werte der Einbaudicke (in cm) oder der flächenbezogenen Einbaumasse (in kg/m^2)

- einer Verfestigung
- einer hydraulisch gebundenen Tragschicht
- einer Betontragschicht

dürfen max. um 10 % unterschritten werden. Als Einbaudicke gilt das arithmetische Mittel aller gemessenen Einzelwerte für die jeweilige Schicht über das gesamte Baulos.

Einzelwerte dürfen die vorgeschriebene Einbaudicke einer

- Verfestigung oder einer hydraulischen Tragschicht um nicht mehr als 3,0 cm
- einer Betontragschicht um nicht mehr als 2,5 cm unterschreiten.

4.6 Prüfungen

4.6

4.6.1 Erstprüfungen

Erstprüfungen sind Prüfungen des Auftragnehmers. Sie sind auf den Grundlagen der TL Beton-StB und der TP Beton-StB vor der ersten Verwendung durchzuführen. Sie dienen dem Nachweis der Eignung der Baustoffe, der Baustoff- und der Einbaugemische für die vorgesehenen Einbaubedingungen sowie für den vorgesehenen Verwendungszweck entsprechend den Anforderungen des Bauvertrags. Der Nachweis ist durch Prüfzeugnisse einer vom Auftraggeber anerkannten Prüfstelle zu erbringen.

Bei Einbaugemischen für gleichartige Baumaßnahmen mit ähnlichen Verkehrsbelastungen sowie ähnlichen örtlichen und klimatischen Verhältnissen darf auf vorhandene Erstprüfungen zurückgegriffen werden, wenn sich Art und Eigenschaften der zu verwendenden Baustoffe und Einbaugemische oder die Einbautechnologie (z. B. Verdichtung) nicht geändert haben und die Prüfzeugnisse nicht älter als 2 Jahre sind. Von allen für die Bauausführung vorgesehenen Baustoffen kann der Auftraggeber Rückstellproben anfordern.

Tafel 4.11: Erstprüfung und Werkseigene Produktionskontrolle bei der Herstellung von Verfestigungen und hydraulisch gebundenen Tragschichten nach TL/ ZTV Beton-StB

	Art der Tragschicht	Erstprüfung	Werkseigene Produktionsprüfung
Bindemittel			
Bindemittelart und -sorte	Verfestigung und HGT		Vergleich der Lieferscheine bei jeder Lieferung
Boden oder Baustoffgemisch			
Korngrößenverteilung	Verfestigung und HGT	in jedem Fall	je angefangene 2.500 t Liefermenge, mindestens einmal täglich
Feinanteile	Verfestigung	in jedem Fall	je nach Erfordernis
Wasserehalt	Verfestigung	in jedem Fall	je nach Erfordernis, mindestens einmal täglich
Proctordichte und optimaler Wasser-gehalt	Verfestigung	in jedem Fall	–
Beschaffenheit der Gesteinskörnungen	HGT	in jedem Fall	nach Augenschein
Einbaugemisch			
Bindemittelgehalt	Verfestigung und HGT	in jedem Fall	je nach Erfordernis, mindestens einmal täglich
Proctordichte	Verfestigung und HGT	in jedem Fall	–
Wassergehalt	Verfestigung und HGT	in jedem Fall	mindestens zweimal täglich
Druckfestigkeit am Probekörper	Verfestigung und HGT	in jedem Fall	je nach Erfordernis
Frostwiderstand	Verfestigung und HGT		–
Beschaffenheit der Gesteinskörnungen	HGT	–	nach Augenschein

4.6.1.1 Erstprüfungen – Verfestigungen

Für Verfestigungen sind Böden und Baustoffgemische bis 63 mm Größtkorn geeignet. Dabei darf der Anteil < 0,063 mm 15 M.-% nicht übersteigen. Liegt der Körnungsanteil < 0,063 mm zwischen 5 M.-% und 15 M.-%, muss bei der Erstprüfung der ausreichende Frost-Widerstand des erhärteten Einbaugemisches nachgewiesen werden.

Bei der Erstprüfung sind folgende Anforderungen einzuhalten:

- Die Mindestbindemittelmenge beträgt 3,0 M.-% des trockenen Bodens bzw. Baustoffgemisches. Darüber hinaus ist die Bindemittelmenge so zu wählen, dass die nachstehenden Anforderungen sicher erreicht werden.
- Bei Verfestigungen unter Asphaltschichten soll die mittlere Druckfestigkeit von drei zusammengehörigen Probekörpern etwa 7 MPa betragen. Wird bei der Mindestbindemittelmenge von 3,0 M.-% die Druckfestigkeit von 7 MPa überschritten, ist die Mindestbindemittelmenge maßgebend.
- Bei Verfestigungen unter Fahrbahndecken aus Beton muss die mittlere Druckfestigkeit von drei zusammengehörigen Probekörpern mindestens 15 MPa betragen.
- Die Einzelwerte der Druckfestigkeit je gewählter Bindemittelmenge dürfen den zugehörigen Mittelwert um nicht mehr als 2,0 MPa über- oder unterschreiten.
- Die bei der Prüfung des Frostwiderstands ermittelte Längenänderung darf 1 ‰ nicht überschreiten. Ergibt sich auf Grund der Prüfung des Frostwiderstandes eine höhere Bindemittelmenge, ist diese maßgebend.

Im Rahmen der Erstprüfung sind anzugeben:

- für Böden und Baustoffgemische
  - Korngrößenverteilung,
  - schädliche Bestandteile,
  - Wassergehalt,
  - Proctordichte und optimaler Wassergehalt.
- für Einbaugemische
  - Bindemittelgehalt bzw. -menge,
  - Proctordichte und optimaler Wassergehalt,
  - Druckfestigkeit,
  - Frostwiderstand (nur bei Böden oder Baustoffgemischen mit Anteilen an Körnungen unter 0,063 mm zwischen 5 und 15 M.-%).

Die Anforderungen an die Druckfestigkeit sind an Zylindern mit einer Höhe von 125 mm und einem Durchmesser von 150 mm (Probekörper 125/150) nachzuweisen. Werden Probekörper 120/100 verwendet, ist der ermittelte Druckfestigkeitswert zur Umrechnung auf den Probekörper 125/150 mit 1,25 zu multiplizieren. Die mittleren Druckfestigkeitswerte sind an jeweils drei zusammengehörigen Probekörpern zu bestimmen. Die Einzelwerte der Druckfestigkeiten dürfen den zugehörigen Mittelwert um nicht mehr als 2,0 MPa über- oder unterschreiten.

4.6.1.2 Erstprüfungen – hydraulisch gebundene Tragschichten

Für hydraulisch gebundene Tragschichten sind Baustoffgemische bis 32 mm oder 45 mm Größtkorn geeignet. Dabei darf der Kornanteil über dem Größtkorn nicht mehr als 10 M.-% betragen und der Kornanteil ≤ 0,063 mm 15 M.-% nicht überschreiten.

Zudem muss der Kornanteil ≤ 2 mm zwischen 16 M.-% und 45 M.-% und bei der Siebgröße jeweils unter dem Größtkorn (22,4 mm bzw. 32 mm) weniger als 90 M.-% betragen.

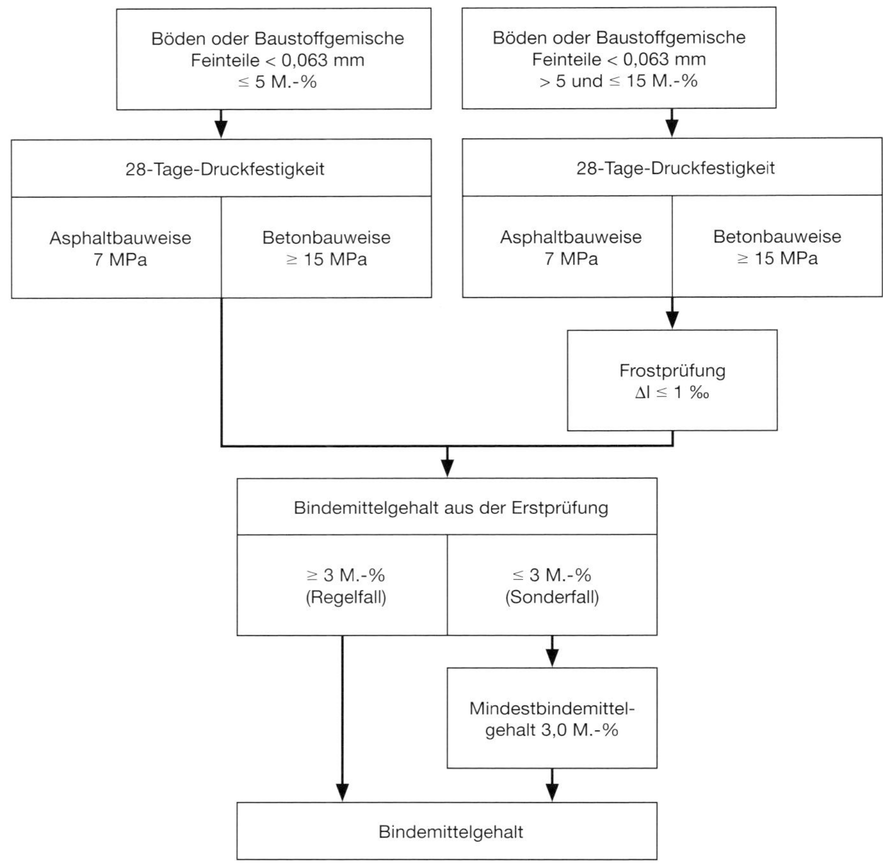

Foto: Dittus

Bild 4.11: Ablaufdiagramm zur Festlegung der Mindestbindemittelmenge

Bei der Erstprüfung sind folgende Anforderungen einzuhalten:

Die Mindestbindemittelmenge beträgt 3,0 M.-% des trockenen Baustoffgemisches. Darüber hinaus ist die Bindemittelmenge so zu wählen, dass die nachstehenden Anforderungen sicher erreicht werden.
Bei HGT unter Asphaltschichten muss die mittlere Druckfestigkeit von drei zusammengehörigen Probekörpern 7 MPa betragen. Wird bei der Mindestbindemittelmenge von 3,0 M.-% die Druckfestigkeit von 7 MPa überschritten, ist die Mindestbindemittelmenge maßgebend.
Bei HGT unter Fahrbahndecken aus Beton muss die mittlere Druckfestigkeit von drei zusammengehörigen Probekörpern mindestens 15 MPa betragen.
Die Einzelwerte der Druckfestigkeit je gewählter Bindemittelmenge dürfen den zugehörigen Mittelwert um nicht mehr als 2,0 MPa über- oder unterschreiten.

- Die bei der Prüfung des Frostwiderstands ermittelte Längenänderung darf 1 ‰ nicht überschreiten. Ergibt sich auf Grund der Prüfung des Frostwiderstandes eine höhere Bindemittelmenge, ist diese maßgebend.

Im Rahmen der Erstprüfung sind anzugeben:

- für Baustoffgemische
  - Korngrößenverteilung
- für Einbaugemische
  - Bindemittelgehalt bzw. -menge,
  - Proctordichte,
  - Druckfestigkeit am Probekörper mit einem Durchmesser von D = 150 mm und einer Höhe von H = 125 mm,
- Frostwiderstand (nur bei Baustoffgemischen mit Anteilen an Körnungen unter 0,063 mm zwischen 5,0 und 15,0 M.-%).

4.6.1.3 Erstprüfungen – Betontragschichten

Der Beton muss den Druckfestigkeitsklassen C12/15 bis C20/25 entsprechen. In der Erstprüfung sind die Nachweise gemäß DIN EN 206-1 und DIN 1045-2 zu führen.

Im Rahmen der Erstprüfung sind anzugeben:

- für Gesteinskörnungen
  - Korngrößenverteilung.
- für Beton
  - Konsistenz und Rohdichte des Frischbetons,
  - Wasser-Zement-Wert des Frischbetons,
  - Rohdichte und Druckfestigkeit des Festbetons.

4.6.2 Werkseigene Produktionskontrolle (WPK) und Eigenüberwachung

Durch die werkseigene Produktionskontrolle (WPK) wird nachgewiesen, dass die Baustoff- und Einbaugemische den vertraglichen Vorgaben und den Festlegungen aus den Erstprüfungen entsprechen. Die werkseigene Produktionskontrolle ist detailliert zu dokumentieren und dem Auftraggeber auf Wunsch vorzulegen.

Bei folgenden Materialien sind werkseigene Produktionskontrollen erforderlich:

- Böden
- Baustoffgemischen
- Einbaugemischen

Werden die Böden oder die Baustoff- und Einbaugemische durch die einbauenden Unternehmen bereit- oder hergestellt, ist die werkseigene Produktionskontrolle Bestandteil der Eigenüberwachung.

Eigenüberwachungsprüfungen sind Prüfungen des Auftragnehmers an:

- Baustoffen,
- Einbaugemischen und
- der fertigen Leistung.

Eigenüberwachungsprüfungen sind während der Ausführung und im vorgeschriebenen Umfang durchzuführen. Im Rahmen der Eigenüberwachung können auch Ergebnisse der werkseigenen Produktionskontrolle angerechnet werden.

Die Ergebnisse sind zu protokollieren und dem Auftraggeber auf Verlangen vorzulegen. Werden Abweichungen von den vertraglichen Anforderungen festgestellt, sind deren Ursachen unverzüglich zu beseitigen.

4.6.2.1 Verfestigungen

Im Rahmen der WPK bei der Herstellung von Einbaumischungen für Verfestigungen sind zu prüfen und zu dokumentieren:

- Bindemittelart und -sorte am Lieferschein bei jeder Lieferung
- Korngrößenverteilung je 2 500 t angefangene Liefermenge, mindestens 1 x täglich
- schädliche Bestandteile des Bodens oder des Baustoffgemisches nach Erfordernis
- Wassergehalt des Baustoff- und des Einbaugemisches nach Erfordernis, jedoch mindestens 1 x täglich
- Bindemittelmenge nach Erfordernis, jedoch mindestens 1 x täglich
- Druckfestigkeit je nach Erfordernis

Zur Eigenüberwachung von Verfestigungen sind zu prüfen und anzugeben:

- zu Bindemitteln:
  - Bindemittelart und -sorte durch Vergleich der Lieferscheine bei jeder Lieferung.
- zu Böden oder Baustoffgemischen:
  - Korngrößenverteilung mindestens je angefangene 250 m bzw. je 3 000 m^2,
  - schädliche Bestandteile je nach Erfordernis,
  - Wassergehalt je nach Erfordernis, mindestens 1 x täglich.
- zu Einbaugemischen:
  - Druckfestigkeit oder Bindemittelgehalt je nach Erfordernis
- beim Baumischverfahren an der zur Verfestigung vorbereiteten Schicht:
  - Verdichtungsgrad mindestens je angefangene 250 m bzw. je 3 000 m^2,
  - profilgerechte Lage je nach Erfordernis,
  - Bindemittelmenge je nach Erfordernis.
- an der verfestigten Schicht unmittelbar nach der Verdichtung:
  - Verdichtungsgrad mindestens je angefangene 250 m bzw. je 3 000 m^2,
  - profilgerechte Lage, Schichtdicke und Ebenheit je nach Erfordernis.

Eigenüberwachungsprüfungen beim Baumischverfahren an der zur Verfestigung vorbereiteten und an der verfestigten Schicht sind jeweils im gleichen Profil durchzuführen.

Tafel 4.12: Eigenüberwachungs- und Kontrollprüfungen für Verfestigungen (ZTV Beton-StB)

	Verfestigung	
	Eigenüberwachungsprüfung	Kontrollprüfung
Einbaugemisch		
a) Übereinstimmung mit der Erstprüfung	Vergleich der Lieferscheine bzw. nach Augenschein bei jeder Lieferung	
b) Druckfestigkeit oder Bindemittelgehalt		mindestens je angefangene 500 m bzw. je 6 000 m² Tragschicht
Unter Asphaltschichten kann anstelle der Druckfestigkeit der Bindemittelgehalt geprüft werden.		mindestens je angefangene 100 m bzw. je 1 000 m² Tragschicht, jedoch mindestens einmal täglich
beim Baumischverfahren an der zur Verfestigung vorbereiteten Schicht		
a) Verdichtungsgrad	je angefangene 250 m bzw. je angefangene 3 000 m²	
b) profilgerechte Lage	je nach Erfordernis	
c) Bindemittelmenge	je nach Erfordernis	
an der verfestigten Schicht (unmittelbar nach der Verdichtung, unabhängig von herstellungsverfahren und Art der darüber liegenden Schicht)		
a) Schichtdicke	je nach Erfordernis	mindestens je angefangene 100 m bzw. je 1 000 m² Tragschicht
b) profilgerechte Lage und Ebenheit	je nach Erfordernis	
c) Verdichtungsgrad	je angefangene 250 m bzw. je angefangene 3 000 m²	mindestens je angefangene 500 m bzw. je 6 000 m² Tragschicht, jedoch mindestens einmal täglich

Tafel 4.13: Eigenüberwachungs- und Kontrollprüfungen für hydraulisch gebundene Tragschichten (ZTV Beton-StB)

	hydraulisch gebundene Tragschicht	
	Eigenüberwachungsprüfung	Kontrollprüfung
am Einbaugemisch bzw. an der fertigen Leistung		
a) Übereinstimmung mit der Erstprüfung	Vergleich der Lieferscheine bzw. nach Augenschein bei jeder Lieferung	
b) Korngrößenverteilung		nach Erfordernis, mindestens je angefangene 6 000 m² Tragschicht
c) Proctordichte	mindestens zweimal täglich	
d) Druckfestigkeit am Probekörper Durchmesser D = 150 mm, Höhe H = 125 mm		nach Erfordernis, mindestens je angefangene 6 000 m² Tragschicht
e) Beschaffenheit der Einbaugemische	nach Augenschein	
f) Wassergehalt	je angefangene 3 000 m² Tragschicht, jedoch mindestens zweimal täglich	
an der fertigen Leistung		
a) Einbaudicke/ Einbaugewicht	je angefangene 250 m bzw. je angefangene 3 000 m²	mindestens je angefangene 100 m bzw. je angefangene 1 000 m²
b) profilgerechte Lage und Ebenheit	je nach Erfordernis	in Abständen, die nicht größer als 50 m sind
c) Verdichtungsgrad (der noch nicht erstarrten Schicht)	in Abständen von weniger als 500 m, jedoch mindestens je angefangene 6 000 m²	nach Erfordernis, mindestens je angefangene 6 000 m² Tragschicht

Tafel 4.14: Eigenüberwachungs- und Kontrollprüfungen für Betontragschichten (ZTV Beton-StB)

	Betontragschicht	
	Eigenüberwachungsprüfung	Kontrollprüfung
am Einbaugemisch bzw. an der fertigen Leistung		
a) Übereinstimmung mit der Erstprüfung	Vergleich der Lieferscheine bzw. nach Augenschein bei jeder Lieferung	
b) Konsistenz und Rohdichte des Frischbetons	mindestens je 3000 m²	nach Erfordernis
c) w/z-Wert des Frischbetons	mindestens je 3000 m²	
d) Druckfestigkeit und Rohdichte des erhärteten Betons	mindestens je 3000 m²	je angefangene 3000 m² Tragschicht
e) Einbaudicke	mindestens je 3000 m²	je angefangene 3000 m² Tragschicht
f) profilgerechte Lage und Ebenheit	je nach Erfordernis	in Abständen, die nicht größer als 50 m sind

4.6.2.2 Hydraulisch gebundene Tragschichten

Im Rahmen der WPK zu hydraulisch gebundenen Tragschichten sind zu prüfen und zu dokumentieren:

- Bindemittelart und -sorte am Lieferschein bei jeder Lieferung
- Korngrößenverteilung je 2500 t angefangene Liefermenge, mindestens 1 x täglich
- Beschaffenheit des Baustoff- und Einbaugemisches nach Augenschein
- Wassergehalt des Einbaugemisches mindestens 2 x täglich
- Bindemittelmenge nach Erfordernis, jedoch mindestens 1 x täglich
- Druckfestigkeit je nach Erfordernis

Der ordnungsgemäße Einbau von Tragschichten mit hydraulischen Bindemitteln ist durch Eigenüberwachungsprüfungen zu überwachen. Art und Umfang der Prüfungen sind auch in Tafel 4.14 dargestellt. Die Eigenüberwachungsprüfungen erfassen sowohl die Herstellung des Einbaugemischs im Mischwerk als auch Prüfungen auf der Baustelle. Im Rahmen der Eigenüberwachung sind die nachstehenden Prüfungen durchzuführen und zu dokumentieren:

- Prüfungen beim Herstellen des Einbaugemischs im Mischwerk:
  - Beschaffenheit der Baustoffe nach Augenschein,
  - Bindemittelart durch Vergleich der Lieferscheine,
  - Bindemittelgehalt,
  - Korngrößenverteilung des Einbaugemisches je angefangene 2500 t Liefermenge, jedoch mindestens 1 x täglich,
  - Wassergehalt mindestens 2 x täglich.

- Prüfungen auf der Baustelle:
  - Beschaffenheit des Einbaugemisches nach Augenschein,
  - Wassergehalt je angefangene 3 000 m^2, jedoch mindestens 2 x täglich,
  - Verdichtungsgrad in Abständen von weniger als 500 m, jedoch mindestens 1 x je angefangene 6 000 m^2 der noch nicht erstarrten Tragschicht,
  - profilgerechte Lage und Ebenheit je nach Erfordernis,
  - Einbaudicke oder Einbaumasse.

4.6.2.3 Betontragschichten

Im Rahmen der werkseigenen Produktionskontrolle zur Herstellung von Betonen für Betontragschichten sind zu dokumentieren:

- Korngrößenverteilung der Gesteinskörnung 1 x täglich
- Konsistenz und Rohdichte des Frischbetons 1 x täglich
- Wasser-Zement-Wert des Frischbetons 1 x täglich

Im Rahmen der Eigenüberwachung sind die nachstehenden Prüfungen durchzuführen und zu dokumentieren.

An den Einbaugemischen sind mindestens je 3 000 m^2 Tragschicht zu prüfen:

- Konsistenz und Rohdichte des Frischbetons,
- Wasser-Zement-Wert des Frischbetons,
- Rohdichte und Druckfestigkeit des Festbetons,
- Einbaudicke.

4.6.3 Kontrollprüfung

Kontrollprüfungen sind Prüfungen des Auftraggebers.

Dabei wird überprüft, ob die Eigenschaften

- der Baustoffe,
- der Baustoff- und der Einbaugemische und
- der fertigen Leistung.

den vertraglichen Anforderungen entsprechen. Die Ergebnisse werden der Abnahme zugrunde gelegt. Zwar sind die Kontrollprüfungen in Art und Umfang grundsätzlich geregelt, jedoch kann der Auftraggeber entscheiden, ob er die Kontrollprüfungen im vorgegebenen Umfang durchführen möchte.

Der Auftragnehmer kann grundsätzlich bei den Probenahmen und Prüfungen, die auf der Baustelle erfolgen, anwesend sein. Nach entsprechender Abstimmung mit dem Auftraggeber kann auch der Auftragnehmer die Probenahme durchführen. Der Probenversand und die Durchführung der Prüfungen dürfen jedoch nur vom Auftraggeber oder durch eine von ihm beauftragte Prüfstelle erfolgen.

Wenn begründete Zweifel des Auftraggebers oder Auftragnehmers an der sachgerechten Durchführung einer Kontrollprüfung bestehen, kann die Prüfung im Rahmen einer Schiedsuntersuchung wiederholt werden. Schiedsuntersuchungen werden durch einen der Vertragspartner beantragt und durch eine von beiden Vertragspartnern anerkannte Prüfstelle durchgeführt. Das Ergebnis der Schiedsuntersuchung tritt an die Stelle des ursprünglichen Prüfergebnisses. Die Kosten trägt derjenige, zu dessen Ungunsten das Ergebnis ausfällt.

Wenn Hinweise vorliegen, dass das Ergebnis einer Kontrollprüfung nicht die ganze zuzuordnende Fläche repräsentiert, kann der Auftragnehmer auf eigene Kosten eine zusätzliche Kontrollprüfung verlangen. Die Orte der Entnahme und die zuzuordnenden Teilflächen bestimmen Auftraggeber und Auftragnehmer gemeinsam. Für die Abnahme sind die Ergebnisse der ursprünglichen und der zusätzlichen Kontrollprüfung maßgebend. Der Auftraggeber kann unabhängig davon zusätzliche Kontrollprüfungen durchführen.

4.6.3.1 Kontrollprüfungen – Verfestigungen

Zu Verfestigungen sind gemäß ZTV Beton-StB Kontrollprüfungen in folgenden Umfang vorgesehen:

- am Einbaugemisch:
  - Druckfestigkeit mindestens je angefangene 500 m bzw. je 6 000 m^2 Tragschicht (unter Asphaltdecken anstelle der Druckfestigkeit die Bindemittelmenge je angefangene 100 m bzw. je 1 000 m^2, mindestens jedoch einmal täglich).
- an der verfestigten Schicht unmittelbar nach der Verdichtung unabhängig von Herstellungsverfahren und Art der darüber liegenden Schicht:
  - Verdichtungsgrad mindestens je angefangene 500 m bzw. je 6 000 m^2, jedoch mindestens 1 x täglich,
  - profilgerechte Lage und Ebenheit in Abständen, die nicht größer als 50 m sind,
  - Schichtdicke mindestens je angefangene 100 m bzw. je 1 000 m^2.

Es ist zweckmäßig, gleichzeitig mit den Eigenüberwachungsprüfungen die Kontrollprüfungen durchzuführen. Werden Eigenüberwachungsprüfungen im Beisein des Auftraggebers durchgeführt, können sie als Kontrollprüfungen anerkannt werden.

4.6.3.2 Kontrollprüfungen – hydraulisch gebundene Tragschichten

Nach ZTV Beton-StB sind folgende Kontrollprüfungen vorgesehen:

- am Einbaugemisch:
  - Korngrößenverteilung nach Erfordernis, mindestens je angefangene 6 000 m^2 Tragschicht,
  - Druckfestigkeit am Probekörper mit einem Durchmesser von D = 150 mm und einer Höhe H = 125 mm nach 6 000 m^2 Tragschicht.
- an der fertigen Leistung:
  - Verdichtungsgrad je nach Erfordernis, jedoch mindestens je angefangene 6 000 m^2 Tragschicht,
  - Einbaudicke / Einbaumasse,
  - profilgerechte Lage und Ebenheit in Abständen, die nicht größer als 50 m sind.

4.6.3.3 Kontrollprüfungen – Betontragschicht

An Betontragschichten sind nach ZTV Beton-StB folgende Kontrollprüfungen vorgesehen:

- am Beton:
  - Konsistenz je nach Erfordernis.
- an der fertigen Leistung:
  - Druckfestigkeit am Bohrkern je angefangene 3000 m^2 Tragschicht,
  - profilgerechte Lage und Ebenheit in Abständen, die nicht größer als 50 m sind,
  - Einbaudicke nach Erfordernis.

4.6.4 Weitere Prüfverfahren

Der wesentliche Teil der Prüfungen erfolgt auf der Grundlage von DIN-Normen bzw. DIN EN-Normen. Sofern diese Normen von den zutreffenden Regelwerken nicht direkt angesprochen werden, werden die Prüfungen nach den Regelungen der zutreffenden Technischen Prüfvorschriften (TP) durchgeführt.

4.6.4.1 Druckfestigkeit am Probekörper

Prüfungen der Druckfestigkeit am Probekörper für Verfestigungen und hydraulisch gebundene Tragschichten werden auf der Grundlage der TP HGT-StB durchgeführt, in der alle Einzelheiten der Probekörperherstellung und Prüfung geregelt sind.

Für jede Prüfung werden zu jedem Prüfzeitpunkt 3 Probekörper geprüft. Besitzt das Baustoffgemisch Gesteinskörnungen mit einem Größtkorn über 32 mm von mehr als 10 M.-%, so ist der gesamte Kornanteil über 32 mm auszusondern. Das Einbaugemisch muss 90 % des im Proctorversuchs ermittelten optimalen Wassergehaltes der einfachen Proctordichte besitzen.

Die Prüfung erfolgt an zylindrischen Probekörpern mit 150 mm Durchmesser und 125 mm Höhe. Die Probekörper werden durch rüttelnde oder schlagende Verdichtung hergestellt. Die hergestellten und feucht gehaltenen Probekörper werden frühestens nach 20 h entschalt und bis zur Prüfung am 28. Tag bei 95 % Luftfeuchte und 20 ± 2 °C gelagert. Die Druckfestigkeitsprüfung erfolgt nach DIN EN 12390-3 mit einer Belastungsgeschwindigkeit von 0,1 MPa/s.

Die Druckfestigkeit ist auf 0,1 MPa gerundet anzugeben.

Die Druckfestigkeit ist in der Erstprüfung immer nach 28 Tagen zu ermitteln. Liegen Prüfwerte nach 7 Tagen vor, kann die Druckfestigkeit nach 28 Tagen nach folgender Formel abgeschätzt werden:

$$f_{cm,28} = f_{cm,7} \cdot \frac{N_{28}}{N_7}$$

mit

$f_{cm,28}$ = Druckfestigkeit im Alter von 28 Tagen
$f_{cm,7}$ = Druckfestigkeit im Alter von 7 Tagen
N_{28} = Normdruckfestigkeit des Bindemittels nach 28 Tagen
N_7 = Druckfestigkeit des Bindemittels nach 7 Tagen

abgeschätzt werden.

Werden Probekörper mit einem Durchmesser von 100 mm und einer Höhe von 120 mm verwendet, ist der ermittelte Druckfestigkeitswert zur Umrechnung auf die Druckfestigkeitswerte von Probekörpern 125/150 mm mit 1,25 zu multiplizieren.

4.6.4.2 Druckfestigkeit am Bohrkern

Die Prüfung der Druckfestigkeit am Bohrkern im Rahmen der Kontrollprüfung erfolgt nur an einer Betontragschicht. Für die Entnahme und Prüfung der Bohrkerne sind die TP Beton-StB bzw. TP B-StB zu beachten.

4.6.4.3 Frostwiderstand

In der Frostprüfung wird die Längenänderung von Probekörpern nach 12 Frost-Tau-Wechseln nach TP HGT-StB ermittelt. Die Prüfung erfolgt jeweils an mindestens 3 Probekörpern. Die Probekörper sind Zylinder mit 150 mm (100 mm) Durchmesser und 125 mm (120 mm) Höhe. Das Alter der Probekörper zum Beginn der Prüfung beträgt in der Regel 28 Tage. Ein früherer Prüfbeginn ist möglich.

Zur Bestimmung der Längenänderung werden in die Grundfläche der Prüfzylinder 3 Hutmuttern und in die Oberfläche eine Hutmutter lagestabil eingebaut. Der Abstand der 3 Hutmuttern der Grundfläche von der einen Hutmutter an der Oberfläche und die Längenänderung des Zylinders wird mittels einer Messvorrichtung mit einer Genauigkeit von ± 0,01 mm gemessen.

Vor der Frostprüfung wird die Grundfläche des Zylinders auf einen Filz gestellt, der zu 75 % seiner Dicke im Wasser steht. Der Probekörper verbleibt ohne Abdeckung 4 h auf dem Filz, um Wasser anzusaugen. Danach werden die Probekörper ohne Filzunterlage der Frostbeanspruchung ausgesetzt.

Die Probekörper werden innerhalb von 2,5 ± 0,5 h von + 20 °C auf 0 °C und nach weiteren 5,5 ± 0,5 h von 0 °C auf - 15 °C zugfrei abgekühlt. Anschließend verbleiben die Proben mindestens 8 h bei - 17,5 °C ± 2,5 °C. Nachfolgend werden die Probekörper wieder auf den nassen Filz gestellt und dort 7 h bei 95 % relativer Luftfeuchte und 20 ± 2 °C gelagert. Nach jedem Frost-Tau-Wechsel werden die auf dem Filz stehenden Stirnflächen gewechselt.

Nach dem ersten und dem zwölften Frost-Tau-Wechsel wird der Abstand zwischen den Hutmuttern der beiden Stirnflächen ermittelt und die Längenänderung auf 0,1 ‰ gerundet angegeben. Während der Frost-Tau-Wechsel darf kein nennenswerter Masseverlust, z. B. durch oberflächliche Abwitterung, auftreten.

4.6.4.4 Profilgerechte Lage und Ebenheit

Die profilgerechte Lage wird durch Nivellierung oder durch Abstandsmessung von einer Schnur geprüft. Die Querneigung kann auch mit einem Neigungsmesser geprüft werden.

Die Ebenheit wird mit der 4 m langen Richtlatte oder einem entsprechenden Ebenheitsprüfgerät geprüft. Die Messung in Längsrichtung erfolgt in der Regel in der Mitte jedes Fahrstreifens.

4.6.4.5 Wassergehalt

Der Wassergehalt der Tragschicht wird durch Darren oder Ofentrocknung maximal 1 h nach dem Mischen bestimmt.

Eine Probemenge von mindestens 5 000 g Baustoff- oder Einbaugemisch ist auf 1 g genau abzuwiegen und nachfolgend auf einem Darrblech oder in einem Trockenofen auszubreiten und scharf zu trocknen. Die Trocknung soll innerhalb von 20 min beendet werden (Kontrolle durch Feststellung des Erreichens der Gewichtskonstanz oder durch eine über die Darrprobe gehaltene Glasplatte, die nicht mehr beschlägt). Die trockene, abgekühlte Probe ist wieder auf 1 g genau zu wiegen und aus der Differenz zur Einwaage des Wassergehaltes zu bestimmen. Die Kernfeuchte der Gesteinskörnung ist zu berücksichtigen.

5 Sonderausführungen von Tragschichten

5.1 Walzbeton 5.1

Walzbeton ist ein erdfeuchter Beton, der mit Geräten des Erd- und Deckenbaus eingebaut und verdichtet wird.

Auf der Grundlage der Erkenntnisse aus Erprobungsstrecken, die sich z. B. auch unter besonderen klimatischen Beanspruchungen im Winter und hoher Verkehrsbelastung bewährt haben, wurde durch die FGSV im Jahre 2000 das Merkblatt für den Bau von Tragschichten und Tragdeckschichten mit Walzbeton für Verkehrsflächen herausgegeben.

5.1.1 Baugrundsätze

Walzbetontragschichten müssen auf einer standfesten, tragfähigen, profilgerechten und ebenen Unterlage eingebaut werden. Die jeweilige Unterlage muss den Anforderungen der ZTV SoB-StB entsprechen. Die Entwässerung auf dem Planum ist sicherzustellen.

Walzbetontragschichten sollen einlagig, mindestens 12 cm und höchstens 20 cm dick eingebaut werden. Ist die Einbaudicke größer, ist eine ausreichende Verdichtung an der Unterseite der Schicht nachzuweisen. Für eine ordnungsgemäße Verdichtung des freien Randes ist die Einbaubreite der Tragschicht um bis zu 30 cm zu verbreitern. Tragschichten aus Walzbeton sind durch Kerben oder geschnittene Fugen in Platten zu unterteilen, um unplanmäßige Risse zu vermeiden. Eine Verankerung oder Verdübelung der Platten ist nicht erforderlich. Kerben und Fugenschnitte müssen senkrecht bis zu einer Tiefe von 35 % bis 40 % der Einbaudicke ausgeführt werden. Der Abstand der Kerben oder Fugen sollte 3,0 m nicht überschreiten. Bei Einbaubreiten über 5,0 m ist mindestens eine Längskerbe oder -fuge vorzusehen. Alle unvermeidlich in Walzbetonflächen anzuordnenden festen Einbauten (z. B. Entwässerungsrinnen, Straßenabläufe, Schächte) sind stets durch eine Raumfuge von der Walzbetonfläche zu trennen. Damit alle Kerben und Fugen planmäßig reißen und folglich funktionsfähig sind, sollten Walzbetontragschichten frühzeitig, aber ohne die Walzbetonschicht zu schädigen, durch Baustellen-Lkw oder schwere Vibrationswalzen vorbelastet werden.

5.1.2 Baustoff- und Einbaugemische

Die Gesteinskörnungen müssen der TL Gestein-StB entsprechen. Bei Tragschichten aus Walzbeton soll das Größtkorn 32 mm nicht überschreiten. Für die Kornzusammensetzung ist eine stetige Sieblinie im Bereich A/B 32 nach DIN 1045-2 anzustreben. Die Gesteinskörnungen sind aus mindestens drei Korngruppen zusammenzusetzen. Es wird empfohlen, für die Körnungen > 8 mm mindestens 50 M.-% gebrochene Gesteinskörnungen einzusetzen und nur Sande mit einem weitgehend gleichbleibendem Anteil ≤ 0,25 mm zu verwenden.

Bindemittel, Zusätze und Zugabewasser müssen die Anforderungen nach Kapitel 4.5 erfüllen. Die zweckmäßige Zusammensetzung des Einbaugemisches ist durch eine Erstprüfung zu ermitteln. Die Zusammensetzung muss so eingestellt werden, dass

- sich das frische Gemisch in erdfeuchter Konsistenz nicht entmischt,
- eine ausreichende Grünstandfestigkeit erreicht wird, die das sofortige Befahren mit Walzen erlaubt und
- der Walzbeton ausreichend verdichtet werden kann.

Der Mindestbindemittelgehalt für Tragschichten aus Walzbeton beträgt 240 kg/m^3 (Tragdeckschichten 270 kg/m^3). Als Anhaltswert für die Zugabe von Zusatzstoffen wird eine Menge von 90 kg/m^3 angegeben. Der Gesamtanteil des Einbaugemisches an Körnungen ≤ 0,25 mm sollte ca. 500 kg/m^3 verdichtetem Walzbeton betragen. Der optimale Wassergehalt wird mithilfe des modifizierten Proctorversuches nach DIN 18127 bestimmt und liegt erfahrungsgemäß zwischen 5 und 7 M.-%.

Tragdeckschichten aus Walzbeton müssen Zement oder für Walzbeton zugelassene hydraulische Bindemittel enthalten.

Tragschichten aus Walzbeton sollen in der Regel Druckfestigkeiten von ≥ 25 MPa und Spaltzugfestigkeiten von ≥ 3 MPa besitzen. Die Festigkeiten werden am Zylinder mit einem Durchmesser von 150 mm und einer Höhe von 125 mm nach Trockenlagerung gemessen. Kontrollen am Bohrkern gleicher Abmessung unterstützen die Ergebnisse am Probekörper.

5.1.3 Ausführung

Der Walzbeton ist in einer Baustellenmischanlage oder einer stationären Mischanlage herzustellen. Die Mischzeit sollte mindestens 60 Sekunden betragen. Beim Transport zur Einbaustelle muss die Aufnahme von Wasser oder das Austrocknen des Gemisches verhindert werden.

Die Einrichtungen für das Fördern, den Einbau und das Verdichten des Walzbetons müssen so gewählt werden, dass sich der Walzbeton nicht entmischt und vor Beginn des Erstarrens fertig eingebaut und vollständig verdichtet ist. Die Verarbeitungszeit von der ersten Wasserzugabe bis zum Abschluss der Verdichtung beträgt maximal 90 Minuten.

Bei streifenweisem Einbau sollen die Längsnähte Frisch-in-Frisch hergestellt werden. Der Einbau der Anschlussbahn muss so rechtzeitig erfolgen, dass der Walzbeton des ersteingebauten Streifens nicht älter als 60 Minuten ist. Bei warmer, trockener Witterung können kürzere Einbauzeiten notwendig werden. Beim Einbau mit geeigneten Straßenfertigern sollte ein Fertiger mit höher verdichtender Bohle und Nivellierautomatik verwendet werden.

Walzbeton wird mit Vibrationswalzen mit einer Masse von ≥ 8 t verdichtet. Direkt hinter dem Fertiger wird die Einbaulage zunächst mit zwei Übergängen ohne Vibration verdichtet. Anschließend wird mit Vibration solange weiterverdichtet, bis der erforderliche Verdichtungsgrad erreicht ist. Zur Erzielung eines guten Oberflächenabschlusses kann zusätzlich der Einsatz von Gummiradwalzen zweckmäßig sein. Die Verdichtung beginnt jeweils am äußersten Rand. Nachfolgend werden die Fugen durch Kerben oder Fugenschnitt eingebracht.

Der Walzbeton ist mindestens drei Tage nachzubehandeln. Üblich ist eine Nassnachbehandlung.

Foto: Cemex / Werner Remarque

Bild 5.1: Herstellung einer Walzbetontragschicht – Fertiger

Foto: Cemex / Werner Remarque

Bild 5.2: Herstellung einer Walzbetontragschicht – Walzgang

5.2 5.2 Trag- und Tragdeckschichten aus Dränbeton

Dränbetontragschichten (DBT) und -tragdeckschichten (DBD) sind hydraulisch gebundene Tragschichten mit hoher Haufwerksporigkeit. Sie werden mit Gesteinskörnungsgemischen hergestellt, die in der Sieblinie einer Ausfallkörnung entsprechen. Der Feinmörtelanteil umhüllt und verkittet die Einzelkörner unter Beibehaltung der Haufwerksporen. Damit stellt sich im Betongefüge durch die nur punktuelle Verbindung der groben Gesteinskörner die gewünschte Haufwerksporigkeit ein.

Dränbetontragschichten dienen hauptsächlich der Entwässerung des Oberbaus von Verkehrsflächen und werden insbesondere im Bundesfernstraßenbau in tiefer liegenden Fertigungsstreifen (i. d. R. Standstreifen) oder vollflächig unter Pflaster- und Plattenbelägen eingesetzt. Dränbetontragdeckschichten finden vorzugsweise im kommunalen Straßenbau bei Parkflächen und Wohnstraßen Verwendung.

Aktuelle Bauregeln sind im „FGSV-Merkblatt für Dränbetontragschichten“ (M DBT) und im „FGSV-Merkblatt für Versickerungsfähige Verkehrsflächen“ (M VV) niedergelegt.

5.2.1 Baugrundsätze

Eine Dränbetontragschicht wird entweder auf einer gebundenen dichten Unterlage (z. B. Bodenverfestigung), auf der das Wasser ablaufen kann, oder einer ungebundenen durchlässigen Schicht (ToB), die als Flächenfilter wirkt, eingesetzt.

Beim Einsatz unter Pflaster- und Plattenbelägen sind die Dimensionierungsangaben und die weiteren Anforderungen der RStO 12 maßgebend. Die im Quergefälle obere Tragschicht wird entsprechend der Anforderungen der ZTV Beton-StB ausgeführt. Der tiefere Rand der Dränbetontragschicht ist so auszuführen, dass das durch die Längsfuge der Betondecke sickernde Wasser sicher abgeführt wird (mindestens 20 cm Überstand zur darüber liegenden Fuge).

Die frische Dränbetontragschicht wird durch Kerben in Längs- und Querrichtung unterteilt. Unter Betondecken folgt die Lage der Kerben der Lage der Fugen in der Decke. Unter Platten- und Pflasterbelägen besitzen die Längs- und Querfugen einen Abstand von höchstens 5 m.

Bei Einsatz von Dränbeton im kommunalen Straßenbau sind die Baugrundsätze nach dem FGSV-Merkblatt M VV zu beachten. Für diese Bauweise sind nur Flächen der Belastungsklasse Bk0,3 und geringfügig belastete Flächen, wie z. B. Pkw-Parkflächen vorgesehen.

5.2.2 Einbaugemisch

Gesteinskörnungen für Dränbetontragschichten sollten den Anforderungen der TL Gestein-StB entsprechen. Bezüglich der Eigenschaften und Kategorien sollten sie auch den Anforderungen für den Verwendungszweck „Betontragschicht“ gemäß den TL Beton-StB, Anhang A genügen. Erhöhte Anforderungen sind für den Widerstand gegen Frost (TL Beton-StB, Anhang A) sowie an die Kornform von groben Gesteinskörnungen zu stellen (TL Beton-StB, Anhang A). Hierbei sollten die Kategorien F2 bzw. SI_{20}/FI_{20} eingehalten werden. Gesteinskörnungen ≥ 8 mm müssen die Kornformkennzahl SI_{20} einhalten.

Das Größtkorn sollte 32 mm für Tragschichten und 8 mm für Tragdeckschichten nicht überschreiten. Zur Erzielung des erforderlichen Hohlraumgehaltes ist eine Kornzusammensetzung mit unstetiger Sieblinie und Ausfallkörnung im Bereich 2/5 mm oder 2/8 mm und mit einem möglichst geringen Sandanteil erforderlich. Für die Körnungen ≥ 8 mm wird die Verwendung gebrochener Gesteinskörnungen empfohlen (Rundkorn ist ebenfalls möglich).

Zemente, Zusätze und Zugabewasser sollten den Anforderungen der TL Beton-StB entsprechen.

Die zweckmäßige Zusammensetzung des Einbaugemisches ist durch eine Erstprüfung zu ermitteln. Die Zusammensetzung ist so zu wählen, dass

- ein von außen zugänglicher Hohlraumgehalt von ≥ 15 Vol.-%,
- eine Wasserdurchlässigkeit $k_f \geq 1 \cdot 10^{-5}$ m/s (stark durchlässig) und
- eine Druckfestigkeit nach 28 Tagen von ≥ C8/10

erreicht werden. Der Feinmörtelanteil darf beim Einbau nicht von den Gesteinskörnungen ablaufen.

Die FGSV-Merkblätter M DBT und M VV geben Hinweise zum Entwurf der Betonzusammensetzung. Nach den bisherigen Erfahrungen können hierzu die Anhaltswerte nach Tafel 5.1 angenommen werden:

Zur Erhöhung der Dauerhaftigkeit des Mörtels ist bei höher belasteten und direkt befahrenen Verkehrsflächen die Verwendung von Polymeren sinnvoll. Der Einsatz von Kunststoff-

Tafel 5.1: Anhaltswertefür die Zusammensetzung von Dränbeton nach dem FGSV-Merkblatt für Versickerungsfähige Verkehrsflächen (M VV)

		Decke DBD 8		Tragschicht DBT 16, 22, 32	
		mit PM [kg/m³]	ohne PM [kg/m³]	mit PM [kg/m³]	ohne PM [kg/m³]
Gesteinskörnung	fGK 0/2 [1]	60 – 100	–	–	–
	fGK 0/1 oder 02	–	–	150 – 180 [2]	150 – 180 [2]
	gGK 5/8	1 400 – 1 500	1 500 – 1 600	–	–
	gGK 816, 822 oder 8/32	–	–	1 500 – 1 600	1 500 – 1 600
Zementfestigkeitsklasse	32,5 R/42,5 N	300 – 350	300 – 350	150 – 300 [3]	150 – 300 [3]
Wasser	Frischwasser	40 – 75 [5]	85 – 115	52 – 73 [5]	60 – 90 [5]
w/z-Wert (eq)	–	0,25 – 0,30	0,28 – 0,33	0,30 – 0,40	0,30 – 0,40
Polymer (PM)	15 – 20 M.-% v.Z.	45 – 70	–	–	–
(z.B. Polymerdispersion)	10 – 15 M.-% v.Z.	–	–	15 – 34	–
Zusatzmittel	FM oder BV	1 – 3	–	–	–
Kunststofffasern (z.B. PAN, PVA)	Länge 6 – 12 mm	1 – 2	–	–	–
Konsistenz (Einbau)	Verdichtungsmaß	1,30 – 1,34 [4] (steif, C1)	1,30 – 1,34 [4] (steif, C1)	1,30 – 1,34 [4] (steif, C1)	1,30 – 1,34 [4] (steif, C1)
Druckfestigkeit	Würfel 150 mm oder Zylinder mit Schlankheit h/d = 1	20 – 30 MPa	20 – 30 MPa	10 – 20 MPa	10 – 20 MPa

[1] Die Verwendung einer polierresistenten feinen Gesteinskörnung (z.B. Quarzsand) ist für die Verbesserung der Griffigkeit von DBD zweckmäßig. Polierversuch (PWS) gemäß den TP Gestein-StB, Teil 5.4.2 (PWS-Wert ≥ 0,55).
[2] Die Verwendung von Sand 0/1 oder 0/2 kann vorteilhaft sein.
[3] Die höheren Werte werden bei der Verwendung von Beton-Recyclingmaterial benötigt.
[4] Die Einbaukonsistenz ist auf das Einbauverfahren abzustimmen.
[5] Der Wasseranteil der PM ist beim Zugabewasser berücksichtigt.

fasern verbessert den Verbund zwischen der Mörtelmatrix und der Gesteinskörnung. Bei der Verwendung von Polymeren ist eine ausreichende Verarbeitungszeit von mindestens 90 Minuten unter dem in den beim Einbau zu erwartenden Temperaturen zu gewährleisten.

5.2.3 Ausführung

Eine Dränbetontragschicht kann sowohl im Zentral- als auch im Baumischverfahren hergestellt werden. Die erforderliche Gleichmäßigkeit lässt sich jedoch günstiger und zielsicherer mit einem zentralgemischten Einbaugemisch und dem Einbau mit einem Fertiger erreichen.

Bei der Herstellung im Zentralmischverfahren ist das Einbaugemisch mindestens 60 Sekunden lang zu mischen. Bis zum Einbau ist das Gemisch vor Austrocknung und dem Zutritt von Niederschlagswasser zu schützen. Der Einbau erfolgt vorzugsweise mit einem Fertiger. Die einzelnen Streifen sind Frisch-an-Frisch einzubauen. Wird eine Dränbetontragschicht an eine angrenzende dichte, hydraulisch gebundene Tragschicht angebaut, empfiehlt es sich, zunächst die dichte Tragschicht und nachfolgend die Dränbetontragschicht einzubauen.

Bei der Herstellung im Baumischverfahren muss die Wasserzuführung in der Bodenfräse über Sprühköpfe erfolgen, da sonst die Gefahr des Entmischens besteht. Die Herstellung erfolgt zweckmäßig in der vollen Breite der Schicht. Der erforderliche Sandanteil und die groben Gesteinskörnungen werden vorgelegt und nach der Zementzugabe im Fräsdurchgang durchgemischt. Wird streifenweise eingebaut, ist zuerst die hydraulisch gebundene Tragschicht herzustellen und nachfolgend Frisch-in-Frisch mit einem Überstand von mindestens 50 cm die Dränbetontragschicht anzufügen. Beide Schichten sind ca. 30 cm überlappend durchzumischen.

Als zweckmäßige Verdichtungsverfahren haben sich beim Zentralmischverfahren die Vorverdichtung durch die Bohle des Fertigers und anschließendem Abwalzen mit einer Glattmantelwalze ohne Vibration erwiesen. Beim Baumischverfahren ist das Andrücken des Einbaugemisches mit einer Gummiradwalze und das Abwalzen mit einer Glattmantelwalze ohne Vibration günstig.

Eine Dränbetontragschicht muss 3 Tage nachbehandelt werden. Auf die Nassnachbehandlung durch aktive Wasserzufuhr im Spritz-oder Sprühverfahren sollte jedoch verzichtet werden, zweckmäßig ist die Nachbehandlung mit wasserhaltenden Abdeckungen. Eine Dränbetontragschicht darf nicht durch Baustellenverkehr befahren werden.

Der regelgerechte Einbau ist durch Eigenüberwachungs- und Kontrollprüfungen nach den vorgenannten Merkblättern zu kontrollieren.

Der Einbau von Dränbetondeckschichten ist in Merkblatt M VV beschrieben und geregelt. Der Einbau des Baustoffgemisches kann per Hand erfolgen bei kleineren Flächen oder mit einem üblichen Asphaltstraßenfertiger mit einer Hochverdichtungsbohle. Eine weitere Verdichtung durch Walzen (mit/ohne Vibration) ist nicht zu empfehlen, da der erforderliche Hohlraumgehalt und die Ebenheit beeinträchtigt werden können.

6 Normen, Richtlinien und Merkblätter der FGSV

DIN EN 197	Zement – Teil 1: Zusammensetzung, Anforderungen und Konformitätskriterien von Normalzementen
DIN EN 206-1	Beton – Teil 1: Festlegung, Eigenschaften, Herstellung und Konformität
DIN EN 459	Baukalk – Teil 1: Begriffe, Anforderungen und Konformitätskriterien
DIN EN 934	Zusatzmittel für Beton, Mörtel und Einpressmörtel – Teil 2: Betonzusatzmittel – Definitionen, Anforderungen, Konformität, Kennzeichnung und Beschriftung
DIN EN 1008	Zugabewasser für Beton – Festlegung für die Probenahme, Prüfung und Beurteilung der Eignung von Wasser, einschließlich bei der Betonherstellung anfallendem Wasser als Zugabewasser für Beton
DIN 1045-2	Tragwerke aus Beton, Stahlbeton und Spannbeton – Teil 2: Beton – Festlegung, Eigenschaften, Herstellung und Konformität – Anwendungsregeln zu DIN EN 206-1
DIN 4226	Rezyklierte Gesteinskörnungen für Beton nach DIN EN 12620 – Teil 101: Typen und geregelte gefährliche Substanzen
DIN 4226	Rezyklierte Gesteinskörnungen für Beton nach DIN EN 12620 – Teil 102: Typprüfung und Werkseigene Produktionskontrolle
DIN 4301	Eisenhüttenschlacke und Metallhüttenschlacke im Bauwesen
DIN EN 12620	Gesteinskörnungen für Beton
DIN EN 13242	Gesteinskörnungen für ungebundene und hydraulisch gebundene Gemische für den Ingenieur- und Straßenbau

DIN EN 13285	Ungebundene Gemische – Anforderungen
DIN 18196	Erd- und Grundbau, Bodenklassifikation für bautechnische Zwecke
DIN CEN/TS 17006	Erdarbeiten – Flächendeckende dynamische Verdichtungskontrolle (FDVK)
ATV DIN 18300	VOB Teil C: Allgemeine Technische Vertragsbedingungen für Bauleistungen (ATV), Erdarbeiten
ATV DIN 18299	VOB Teil C: Allgemeine Technische Vertragsbedingungen für Bauleistungen (ATV), Allgemeine Reglungen für Bauarbeiten jeder Art
ATV DIN 18315	VOB Teil C: Allgemeine Technische Vertragsbedingungen für Bauleistungen (ATV), Verkehrswegebauarbeiten; Oberbauschichten ohne Bindemittel
ATV DIN 18316	VOB Teil C: Allgemeine Technische Vertragsbedingungen für Bauleistungen (ATV), Verkehrswegebauarbeiten; Oberbauschichten mit hydraulischen Bindemitteln

FGSV-Regelwerke

RStO 12	Richtlinien für die Standardisierung des Oberbaues von Verkehrsflächen
RDO Beton	Richtlinien für die rechnerische Dimensionierung von Betondecken im Oberbau von Verkehrsflächen
ZTV Beton-StB 07	Zusätzliche Technische Vertragsbedingungen und Richtlinien für den Bau von Tragschichten mit hydraulischen Bindemitteln und Fahrbahndecken aus Beton
ZTV T-StB 95	Zusätzliche Technische Vertragsbedingungen und Richtlinien für Tragschichten im Straßenbau
ZTV SoB-StB 04	Zusätzliche Technische Vertragsbedingungen und Richtlinien für den Bau von Schichten ohne Bindemittel im Straßenbau
ZTV E-StB 17	Zusätzliche Technische Vertragsbedingungen und Richtlinien für Erdarbeiten im Straßenbau
ZTV BEB-StB 15	Zusätzliche Technische Vertragsbedingungen und Richtlinien für die bauliche Erhaltung von Verkehrsflächen – Betonbauweisen

ZTV P-StB	Zusätzliche Technische Vertragsbedingungen und Richtlinien für den Bau von Pflasterdecken und Plattenbelägen
ZTV LW 16	Zusätzliche Technische Vertragsbedingungen und Richtlinien für den Bau Ländlicher Wege
TL Beton-StB 07	Technische Lieferbedingungen für Baustoffe und Baustoffgemische für Tragschichtenmit hydraulischen Bindemitteln und Fahrbahndecken aus Beton
TL Gestein-StB 04	Technische Lieferbedingungen für Gesteinskörnungen im Straßenbau
TL SoB-StB 04	Technische Lieferbedingungen für Baustoffgemische und Böden zur Herstellung von Schichten ohne Bindemittel im Straßenbau
TL G SoB-StB 04	Technische Lieferbedingungen für Baustoffgemische und Böden zur Herstellung von Schichten ohne Bindemittel im Straßenbau, Teil: Güteüberwachung
TL BEB-StB 15	Technische Lieferbedingungen für Baustoffe und Baustoffgemische für die bauliche Erhaltung von Verkehrsflächenbefestigungen – Betonbauweisen
TL BuB E-StB 09	Technische Lieferbedingungen für Böden und Baustoffe im Erdbau des Straßenbaus
TP B-Stb	Technische Prüfvorschriften für Verkehrsflächenbefestigungen – Betonbauweisen
TP Beton-StB 10	Technische Prüfvorschriften für Baustoffe und Baustoffgemische und die fertige Leistung von Tragschichten mit hydraulischen Bindemitteln und Fahrbahndecken aus Beton

Merkblatt für die Herstellung von Trag- und Deckschichten ohne Bindemittel, Ausgabe 1995

Merkblatt für den Bau von Tragschichten und Tragdeckschichten mit Walzbeton für Verkehrsflächen, Ausgabe 2000

Merkblatt für die Verwertung von Asphaltgranulat (M VAG), Ausgabe 2000

Merkblatt für die Verwendung von Eisenhüttenschlacken im Straßenbau (M EHS), Ausgabe 2013

Merkblatt für die Verwendung von Metallhüttenschlacken im Straßenbau (M MHS), Ausgabe 2016

Merkblatt über die Verwendung von Kraftwerksnebenprodukten im Straßenbau (M KNP), Ausgabe 2009

Merkblatt über die Verwendung von Hausmüllverbrennungsasche im Straßenbau (M HMVA), Ausgabe 2014

Merkblatt über die Wiederverwertung von mineralischen Baustoffen als Recycling-Baustoffe im Straßenbau (M RC), Ausgabe 2002

Merkblatt für Dränbetontragschichten (M DBT), Ausgabe 2013 (Änderungen 2016)

Merkblatt für Versickerungsfähige Verkehrsflächen (M VV), Ausgabe 2013 (Änderungen 2016)

7 Weitere Literatur

Lohmeyer, G.; Ebeling, K.: Betonböden für Produktions- und Lagerhallen, Verlag Bau+Technik GmbH, Düsseldorf 2019

Fillibeck, J.; Schwabbaur, T.: Ermittlung von Zusammenhängen zwischen dem CBR-Wert des Tragschichtmaterials und der Tragfähigkeit E_{v2} von Tragschichten ohne Bindemittel; Informationen – Forschung im Straßen-und Verkehrswesen, 2002, Teil IV, 6-11

Kellermann-Kinner, C.; Wolf, M.: Schichten ohne Bindemittel für die Straße im 21. Jahrhundert, Straße und Autobahn (2018), Heft 8, S. 653-658 und Heft 9, S. 752-761

Schellenberg, K.; Schellenberg, P.: Auswirkungen der Kornverfeinerung bei der Verdichtung von ungebundenen Mineralstoffgemischen auf die Wasserdurchlässigkeit und die Frostempfindlichkeit von Tragschichten ohne Bindemittel (ToB); Informationen – Forschung im Straßen- und Verkehrswesen, 2002, Teil IV, 6-1

Schmidt, M.: Stoffliche und konstruktive Eigenschaften hydraulisch gebundener Tragschichten, Schriftenreihe der Zementindustrie, Heft 51, Beton-Verlag, Düsseldorf 1991

ARS Nr. 6/2002 Bauweise Betondecken der Bauklasse SV und I bis III auf Schottertragschichten; Zusätzliche Anforderungen, vom 26.06.2002

Straßenbau heute

Band 1: Betondecken

Fahrbahndecken aus Beton sind hohen Belastungen aus Umwelt und Verkehr ausgesetzt. Damit sie diesen Einwirkungen widerstehen und die an sie gestellten Anforderungen und Erwartungen dauerhaft erfüllen, müssen sie entsprechend dimensioniert, konstruiert und hergestellt werden. Die Autoren haben diese Thematik unter Berücksichtigung des aktuellen Regelwerks ausgearbeitet und zusammengefasst. Entstanden ist ein praxisnahes Hilfs- und Lernmittel für all diejenigen, die mit der Planung, der Ausschreibung und dem Bau von Fahrbahndecken aus Beton zu tun haben.

Straßenbau heute
Band 1:
Betondecken
Autoren:
Oesterheld, Peck, Villaret
IZB (Hrsg.), 302 S.,
Verlag Bau+Technik,
Düsseldorf 2018,
ISBN 978-3-7640-0612-9,
39,80 Euro

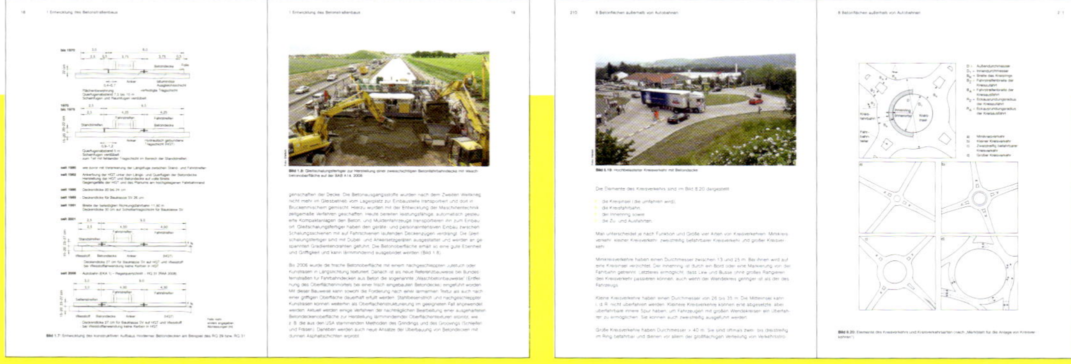